Anonymus

Corona in Deutschland – Der Versuch einer Aufklärung

Dieser erste Band der Reihe „Corona in Deutschland – Der Versuch einer Aufklärung" vermittelt die wichtigsten Fakten über SARS-CoV-2 und Covid-19.

Die Reihe verfolgt **zwei grundlegende Ziele**: Zum einen sollen **alle wichtigen Aspekte der Corona-Krise in Deutschland behandelt** werden, zum anderen werden immer **nur die qualitativ hochwertigsten Erkenntnisquellen** genutzt. Um den Verlauf der Infektionskurve während der ersten Welle zu beschreiben, wird beispielsweise nicht auf die Meldedaten des Robert Koch-Instituts oder der John-Hopkins-Universität zurückgegriffen, sondern auf die "Tabelle mit Nowcastingzahlen" des Robert Koch-Instituts, deren Daten von deutlich höherer Qualität sind. Insgesamt werden in den ersten fünf Bänden die Ergebnisse von über 230 wissenschaftlichen Studien vorgestellt, hinzu kommen zahlreiche Veröffentlichungen des Robert Koch-Instituts.

Der weitere Verlauf der Epidemie in Deutschland wird in den Bänden 6 und 7 beschrieben und analysiert – diese Bände werden voraussichtlich im Sommer 2021 fertiggestellt.

Aufgrund der starken Polarisierung, die die Auseinandersetzung in der Corona-Krise prägt, hat sich der Autor entschieden, das Buch unter einem (wenig einfallsreichen) **Pseudonym** zu veröffentlichen. Seine beiden Verfassungsbeschwerden gegen die ersten bayerischen Corona-Verordnungen (Az. 1 BvR 900/20 und 1 BvR 1021/20) wurden vom Bundesverfassungsgericht nicht zur Entscheidung angenommen, die Erfolgschancen seiner **Normenkontrollklage** jedoch schätzt der Bayerische Verwaltungsgerichtshof auf immerhin 50 Prozent – und das war *vor* der Veröffentlichung dieser Reihe, die nicht zuletzt mit der Zielsetzung geschrieben wurde, die deutschen Oberverwaltungsgerichte von der Rechtswidrigkeit der Corona-Verordnungen der ersten Welle zu überzeugen.

Anonymus

Corona in Deutschland

Der Versuch einer Aufklärung

Band 1: Die Fakten über Corona

© 2021 Anonymus

Autor: Anonymus
c/o autorenglück.de
Franz-Mehring-Str. 15
01237 Dresden

Verlag: Anonymus

Druck: Amazon Fulfillment
Poland Sp. z o.o., Wroclaw

ISBN 978-3-9823274-1-9

Inhaltsverzeichnis

Einleitung

Als der bayerische Ministerpräsident Markus Söder am 20. März 2020 den ersten Lockdown in der Geschichte der Bundesrepublik verkündete, war ich aus verschiedenen Gründen davon überzeugt, dass diese Maßnahmen rechtswidrig waren. Vor allem war die pandemische Situation in Deutschland **viel weniger dramatisch** als in anderen europäischen Ländern: **Nur 0,02 Prozent der Bevölkerung hatten sich laut Robert Koch-Institut (RKI) bis zu diesem Zeitpunkt mit SARS-CoV-2 infiziert** (genau 13.957 Personen[1]), es hatte bisher laut RKI nur 31 Todesfälle gegeben (zum Vergleich: Italien: 4.032, Spanien: 1.043, Frankreich: 450 Todesfälle[2]), und in der Kurve der täglich gemeldeten Neuinfektionen war bereits eine **deutliche Abschwächung des Anstiegs** zu erkennen – aufgrund des mindestens 14-tägigen Meldeverzugs gab es daher Grund für die Annahme, dass die *tatsächlichen* Infektionszahlen inzwischen gar nicht mehr stiegen. Wenn sich das Virus in Deutschland aber gar nicht mehr ausbreitete, war der Lockdown nicht erforderlich und deshalb rechtswidrig.

Es gab drei simple Erklärungen für diese unerwartet positive Entwicklung des Infektionsgeschehens in der zweiten Hälfte des März 2020 (die von den Medien nicht erkannt wurde, denn sie berichteten weiterhin, dass sich das Virus „explosionsartig" ausbreiten würde). Wie jeder Kinderarzt weiß, sind die „altbekannten" beim Menschen auftretenden Coronaviren **stark saisonal** – die Coronaviren-Saison beginnt im November und endet im April (Kapitel 14, Band 1). Es war deshalb plausibel, dass SARS-CoV-2 Ende März bereits deutlich an Aktivität verloren hatte und nicht mehr so ansteckend war wie in den Monaten zuvor.

<u>**Zweitens hatte sich das Sozialverhalten der deutschen Bürger bereits deutlich verändert**</u>. Seit die Tagesschau die Bilder von den Intensivstationen Norditaliens in die deutschen Wohnzimmer übertragen hatte, folgten viele deutsche Bürger **freiwillig** den Empfehlungen des Robert Koch-Instituts zur Eindämmung des Virus – Abstand halten, vermehrtes Händewaschen, Vermeidung von Menschenansammlungen, deutlich seltenere Besuche in Bars, Clubs oder Fitnessstudios, Verzicht auf nicht

unbedingt erforderliche Reisen. **In Deutschland war das soziale Leben ab Anfang März deutlich heruntergefahren worden.**

Drittens hatte die Politik bereits einige <u>einschneidende Maßnahmen</u> festgesetzt, deren Wirksamkeit nicht bezweifelt wurde. Am 9. März waren Großveranstaltungen verboten worden, am 16. März wurden *de facto* die Grenzen geschlossen. Da zu Beginn jeder Pandemie ein großer Teil der Infektionen aus dem Ausland importiert wird (in Deutschland geschah dies vor allem durch die Skiurlaub-Rückkehrer aus Tirol und Norditalien), war die Schließung der Grenzen zu diesem Zeitpunkt natürlich eine sehr effektive Maßnahme. Dasselbe galt für das Verbot von Großveranstaltungen, da hierdurch Superspreader-Events verhindert wurden. Auch von der Schließung der Schulen (16. März) und der Schließung des nicht-essentiellen Einzelhandels (18. März) erhofften sich die Politiker einen deutlichen Effekt auf das Infektionsgeschehen (ansonsten hätten sie diese Maßnahmen, die großen Schaden anrichteten, nicht angeordnet).

Diese Interventionen stellten bereits die mit Abstand massivsten Eingriffe in die Grundrechte dar, die es in der Bundesrepublik Deutschland je gegeben hatte. Da es mindestens zwei Wochen dauert, bis sich eine Infektion in den Meldedaten des RKI niederschlägt (durchschnittlich 5 Tage Inkubationszeit, dann muss ein Arzt aufgesucht werden, der Test muss durchgeführt und im Labor ausgewertet werden, bevor das Testergebnis über das Gesundheitsamt und das Gesundheitsministerium des Landes zum RKI übermittelt werden kann, wo es endlich in die Statistik eingearbeitet wird), konnte sich die Wirkung all dieser massiven Maßnahmen noch nicht in den Meldedaten zeigen. Da sich der Anstieg der *gemeldeten* Infektionszahlen schon zuvor deutlich abgeschwächt hatte, konnte man nicht mehr davon ausgehen, dass weitere Maßnahmen erforderlich sein würden, um das Virus unter Kontrolle zu bringen. Es gab daher am 22. März 2020 für die Ministerpräsidentenkonferenz keinen Grund, einen Lockdown mit Ausgangs- und Kontaktsperren zu beschließen.

Der Lockdown kam trotzdem. Das entscheidende Argument für die Rechtswidrigkeit der Corona-Verordnungen war in meinen Augen die Tatsache, dass der Lockdown ganz einfach nicht erforderlich war, um

das Virus unter Kontrolle zu bringen – die Maßnahmen waren nicht verhältnismäßig und deshalb rechtswidrig. Es gab aber noch andere Gründe für die Rechtswidrigkeit der Verordnungen: Schon im Februar 2020 hatten die Chinesen bekanntgegeben, dass das Virus ältere Menschen sehr viel stärker gefährdet als jüngere – das Letalitätsrisiko war für Personen über 80 Jahren 75 Mal so hoch wie für Personen unter 40.[3] Obwohl die deutschen Bürger extrem unterschiedlich durch das Coronavirus gefährdet wurden, unterlagen sie alle völlig unterschiedslos denselben Lockdown-Maßnahmen. Das war in meinen Augen keine sinnvolle Strategie – die Alten wurden zu wenig geschützt, während die Beschränkungen für die Jungen unangemessen hart waren. **Zum anderen waren die Maßnahmen aber auch verfassungswidrig, denn nach Artikel 3 des Grundgesetzes muss der Staat Gleiches gleich und Ungleiches ungleich behandeln**[4] – die Corona-Verordnungen jedoch behandelten alle, als wären sie gleich.

Meine Verfassungsbeschwerde gegen die erste bayerische Corona-Verordnung wurde vom Bundesverfassungsgericht erstaunlicherweise mit der Begründung nicht angenommen, dass ich erst Normenkontrollklage beim Bayerischen Verwaltungsgerichtshof hätte einreichen müssen[5] – trotz der schwersten Einschränkungen der Grundrechte in der Geschichte der Bundesrepublik sahen die Richter also keinen Grund zu Eile. Die umgehend beim Bayerischen Verwaltungsgerichtshof eingereichte Klage wurde bis heute vom Gericht ebenso wenig bearbeitet wie der gleichzeitig eingereichte Eilantrag. **Bis heute verweigern die Gerichte also den Rechtsschutz – noch ein Grundrecht, das in der Coronakrise unter die Räder gekommen ist.**

Eine von mir gegen die dritte bayerische Corona-Verordnung eingereichte Verfassungsbeschwerde wurde vom Gericht ebenfalls nicht zur Entscheidung angenommen – weil sie angeblich keine „grundsätzliche verfassungsrechtliche Bedeutung" habe.[6, 7, 8] Die schwersten Eingriffe in die Grundrechte seit Verkündung des Grundgesetzes haben **keine** „grundsätzliche verfassungsrechtliche Bedeutung"? Diese Einschätzung des Bundesverfassungsgerichts legte den Verdacht nahe, dass das Gericht sich nicht als *Kontrolleur* der Regierung ansah (die Aufgabe, die ihm die Verfassung eigentlich zugewiesen hat), sondern als ihr *Verbündeter,* der der Regierung in den Zeiten der Coronakrise den Rücken freihält (das Verhalten der Gerichte in der Coronakrise ist Gegenstand des fünften Bandes).

Die umfangreichen Schriftsätze, die von mir beim Bundesverfassungsgericht bzw. beim Bayerischen Verwaltungsgerichtshof eingereicht wurden, bilden die Grundlage für dieses Buch. Um die Gerichte von der Rechtswidrigkeit der Corona-Verordnungen zu überzeugen, war es erforderlich, die wichtigsten Fakten zu SARS-CoV-2 und Covid-19 darzulegen (Band 1), die Vor- und Nachteile der verschiedenen Eindämmungsmaßnahmen abzuwägen (Band 3) und den Verlauf des Infektionsgeschehens während der ersten Welle zu beschreiben (Band 4). Der Vergleich mit der Grippe (Band 2) und schließlich die vernichtende Beurteilung der bisherigen Leistung der Gerichte in der Coronakrise (Band 5) ergänzen dann diese drei grundlegenden Bände der Reihe.

Es wurde mir beim Schreiben der Schriftsätze jedoch schnell klar, dass die Fakten bei der Reaktion der Gesellschaft und der Politik auf die Coronakrise eine sehr viel geringere Rolle spielten, als ich vermutet hatte. Die stark vom Alter abhängende Sterblichkeit von Covid-19 (99,4 Prozent der Todesfälle der ersten Welle betrafen die ältere Hälfte der Bevölkerung, nur 0,6 Prozent die jüngere; Kapitel 16, Band 1) wurde zum Beispiel in den deutschen Medien oder vom RKI nie nach Altersgruppen differenziert veröffentlicht. Folglich hatten diese wichtigen Informationen auch keinen Einfluss auf die öffentliche Diskussion über die erforderlichen Abwehrmaßnahmen gegen das Coronavirus. Das war deshalb so merkwürdig, weil die hohe Letalität des Virus der **einzige** Grund war, weshalb überhaupt Abwehrmaßnahmen gegen SARS-CoV-2 ergriffen wurden, ganz anders als bei den vier „alteingesessenen" menschlichen Coronaviren, deren Ausbreitung niemand zu verhindern versucht.

Ein anderes Beispiel für die geringe Bedeutung der Fakten in der Coronakrise lieferten die Corona-Verordnungen, die am 22. März 2020 den Lockdown Realität werden ließen: **Diese Verordnungen wurden nämlich nicht begründet.** In Anbetracht der extremen Einschränkung der Grundrechte, die diese Verordnungen mit sich brachten, und der ebenfalls extremen Auswirkungen auf das soziale und wirtschaftliche Leben hätte ein faktenorientiertes Vorgehen die ausführliche Darlegung der wichtigsten Annahmen über die Eigenschaften des Coronavirus erfordert, eine Einschätzung der Dynamik des Infektionsgeschehens (immer unter Beachtung des Meldeverzugs von zwei Wochen), eine kurze Darlegung, warum die Maßnahmen nach Ansicht der Politik erfolgversprechend waren, und eine konkrete Beschreibung der angestrebten Ziele inklusive der Operationalisierung der Zielerreichung, damit die Bürger erkennen konnten, wann die Ziele erreicht waren und die Maßnahmen folglich aufzuheben waren.

Doch die Politik entschied sich gegen das faktenbasierte Vorgehen und für eine Strategie, die sehr stark an Emotionen geknüpft wurde. Die Grundlage dieser Strategie war der von allen Entscheidungsträgern gebetsmühlenhaft wiederholte Satz, dass sich die Zustände in Italien in Deutschland nicht wiederholen dürften. Das Gesundheitssystem dürfe nicht überlastet werden. Es reichte dann aus zu behaupten, dass die Infektionszahlen „explosionsartig ansteigen" würden, um alle Lockdown-Maßnahmen so überzeugend zu begründen, dass sie in der Bevölkerung eine Zustimmung von über 90 Prozent erhielten.

Diese Strategie, die Begründung der Abwehrmaßnahmen gegen SARS-CoV-2 nicht an den Fakten auszurichten, sondern sich im Wesentlichen auf den Appell an die Emotionen zu beschränken und dabei auf die Kraft der (Fernseh-) Bilder von den italienischen Intensivstationen zu vertrauen, nenne ich „**Corona-Hysterie**", und Personen, die diese Strategie verfolgen (ob aus kalter Überlegung oder aus emotionaler Überforderung heraus, ist unerheblich), „**Corona-Hysteriker**". Die Corona-Hysterie ist durch folgende **Merkmale** gekennzeichnet:

- Fakten spielen bei den Entscheidungen (Politiker) bzw. Empfehlungen (Experten, Wissenschaftler) nur eine untergeordnete Rolle.

- Obwohl Fakten kaum eine Rolle bei den Entscheidungen bzw. Empfehlungen spielen, wird stets behauptet, dass alle Entscheidungen und Empfehlungen **ausschließlich** auf „den Fakten" bzw. „der Wissenschaft" basieren.

- Da die Fakten nicht über Monate ignoriert werden können, erfahren sie je nach ihrem Inhalt eine sehr unterschiedliche

Behandlung: Fakten, die für eine große Bedrohung durch SARS-CoV-2 sprechen, werden tendenziell aufgewertet, während alle Fakten, die diese Bedrohung zu relativieren scheinen, tendenziell abgewertet oder sogar ignoriert werden.

- Die Strategie der Corona-Hysterie zur Eindämmung des Coronavirus lässt sich in einem einzigen kurzen Satz zusammenfassen: **„Jede Infektion ist zu viel!"**.[9, 10] Diese Strategie wird als alternativlos und fast schon denknotwendig dargestellt. Allein diese Strategie sei ethisch vertretbar, behaupten die Corona-Hysteriker.

- Warum das so ist, wird entweder gar nicht oder mit dem Hinweis begründet, alle anderen Strategien würden „zu sehr vielen Todesopfern führen" und „zu Zuständen wie in Norditalien, die sich nicht wiederholen dürfen!". Zum Beweis wird eine extrem simple Rechnung aufgemacht: Für die Bevölkerung wird eine einzige Gesamtletalität angegeben (z.B. 1 Prozent), woraus sich zwingend eine völlig inakzeptabel hohe Zahl an zu erwartenden Todesopfern ergibt (800.000, dieses kleine Rechenbeispiel hat der Präsident des RKI noch im Februar 2021 vorgeführt[11]). Die Forderung nach einer faktenorientierten Debatte, die der Komplexität des Sachverhalts gerecht werden könnte, wird meist mit dem Hinweis auf eine Modellierungsstudie begegnet – die ebenfalls immer zu dem Ergebnis einer inakzeptabel hohen Zahl an Todesopfern kommt. Eine solche Debatte ist aber eigentlich gar nicht erforderlich, da nur die Strategie des „Jede Infektion ist zu viel!" ethisch vertretbar ist. Auf diese Weise machen sich die Corona-Hysteriker unangreifbar.

- Dessen ungeachtet behaupten die Corona-Hysteriker stets, dass für sie eine offene Debatte in der Coronakrise sehr wichtig sei und dass eine solche offene Debatte auch intensiv mit einem regen Austausch der Ideen geführt würde. Die Gegner der Corona-Hysterie zweifeln jedoch an der Existenz einer derartigen Debatte, an der sie beteiligt sein sollen.[12]

- Obwohl eine Strategie, die sich mit fünf Worten vollständig beschreiben lässt, **unmöglich** komplex sein kann, wird den Gegnern dieser Strategie von den Corona-Hysterikern stets vorgeworfen, **sie** seien es, die „einfache Antworten auf komplexe Themen suchen".

- Ein zentrales Element der Corona-Hysterie besteht darin, dass alle unterschiedslos gleich behandelt werden. Die Fokussierung der Abwehrmaßnahmen auf besonders schützenswerte Risikogruppen wie beispielsweise die Bewohner von Pflegeheimen wird mit dem lapidaren Hinweis abgelehnt, dass diese Strategie nicht funktionieren könne und noch nirgendwo funktioniert habe.

- Schließlich behaupten die Corona-Hysteriker, dass alle, die ihre Strategie des „Jede Infektion ist zu viel!" nicht gutheißen, die Existenz des Virus leugnen oder doch zumindest verharmlosen würden. Tatsächlich existieren solche Menschen praktisch ausschließlich in den Erzählungen der Corona-Hysteriker (mir ist jedenfalls noch kein einziger Corona-Leugner begegnet). Die Kanzlerin war sich beispielsweise nicht zu schade, sich mit der Chimäre der Corona-Leugner in ihrer Neujahrsansprache auseinanderzusetzen und ihnen eine bedeutende Rolle bei der Entwicklung des Infektionsgeschehens zuzuschreiben. Das Muster, beim Versagen der eigenen Politik die Existenz starker Kräfte zu behaupten, deren Ziel es sei, die Erfolge dieser Politik zu sabotieren, kennt man nur allzu gut aus totalitären Staaten.

Da die Corona-Hysterie die Darstellung der Fakten in Deutschland stark überlagert, war es erforderlich, in diesem Buch bereits bei der Darstellung der Fakten immer wieder auf dieses Phänomen einzugehen. Das gesamte Buch ist deshalb durchzogen von Hinweisen auf die fast immer verzerrende oder unvollständige, manchmal aber sogar wahrheitswidrige Darstellung dieser Fakten durch die Corona-Hysteriker in den Medien, der Politik und auch (ach!) der Wissenschaft.

Dieses Buch beschränkt sich auf die Analyse des Covid-19-Ausbruchs in **Deutschland**, andere Länder werden nur beschrieben, um Erkenntnisse für das Infektionsgeschehen in **Deutschland** zu gewinnen. Deshalb ist beispielsweise die deutliche Überschussmortalität in Bergamo oder New York im Rahmen dieses Buches genauso wenig von Bedeutung wie das Fehlen von Überschussmortalität in Norwegen oder Alaska. Um das Infektionsgeschehen in anderen Ländern verstehen zu können, müsste man sehr viel über diese Länder wissen, simple Analogien wie *„In Norditalien wurde das Gesundheitssystem durch die Covid-19-Patienten überfordert, in zwei Wochen geschieht dasselbe auch in Deutschland, wenn es keinen Lockdown gibt!"* oder *„Südkorea betreibt intensive Kontaktnachverfolgung und hat das Virus fast ausgerottet – wenn wir die Kontaktnachverfolgung intensivieren, schaffen wir das auch!"* sind natürlich unzulässig. Da in diesem Buch nur das Infektionsgeschehen *in Deutschland* analysiert wird, spreche ich im Folgenden nicht mehr von einer „Pandemie", sondern von einer **„Epidemie"**. Wenn (manchmal) dann doch das weltweite Infektionsgeschehen betrachtet wird, ist natürlich immer von der „Pandemie" die Rede.

Das Buch will **Aufklärung** leisten im doppelten Sinn des Worts. Zum einen soll dem Leser das **Wissen zu SARS-CoV-2 und Covid-19 vermittelt** werden, das die Wissenschaft seit Beginn der Pandemie zusammengetragen hat – immer mit dem Link der Studie, damit der Leser die Gelegenheit hat, meine Behauptungen zu überprüfen (oder um tiefer in die Materie einzusteigen, warum nicht). Über viele dieser Erkenntnisse schreiben die Medien wenig oder nichts, sie sind daher weitgehend unbekannt. Zum anderen werden **Sachverhalte aufgeklärt**, die meines Wissens bisher zwar nicht unbekannt waren, aber doch nie in den Medien beschrieben wurden – beispielsweise der Rückgang der Fallzahlen ab dem 12. März 2020 (Kapitel 3, Band 4), die fehlenden empirischen Belege für zahlreiche Stellungnahmen der wissenschaftlichen Institute in der Coronakrise (Kapitel 2 und 4, Band 4), die Tatsache, dass der Lockdown als Maßnahme zur Pandemiebekämpfung in den Pandemieplänen des Robert Koch-Instituts und der Weltgesundheitsorganisation (WHO) nicht vorkommt (Kapitel 15, Band 3), die Falschdatierung des R-Werts durch das RKI (Kapitel 11, Band 1), oder die erstaunliche Reduktion der

Sterblichkeit durch Covid-19 in der zweiten Welle in Deutschland (Band 7).

Dieser erste **Band der Reihe („Die Fakten über Corona")** widmet sich den wichtigsten Fakten zu SARS-CoV-2 und Covid-19: die wichtigsten Übertragungswege und -orte, der Verlauf der Krankheit, die Risikofaktoren für einen schweren Verlauf, die Vor- und Nachteile der verschiedenen Testformen, die Saisonalität von SARS-CoV-2 usw. Diese Fakten sind aus verschiedenen Gründen wichtig, vor allem aber ist ihre Kenntnis erforderlich, um die optimale Strategie im Kampf gegen das Virus zu entwickeln. Wenn man beispielsweise weiß, dass SARS-CoV-2 ein stark saisonales Virus ist, verlässt man sich im September nicht auf die niedrigen Infektionszahlen, wie es in Deutschland im letzten Jahr geschah, sondern bereitet sich auf die nächste Welle vor. In diesem ersten Band werden die Erkenntnisse von über 100 wissenschaftlichen Studien referiert (insgesamt 250 Literaturhinweise) – nach meiner Kenntnis gibt es kein anderes Buch, das eine solch profunde Wissensvermittlung über SARS-CoV-2 und Covid-19 leistet.

Im **zweiten Band („Der Vergleich von Corona mit der Grippe")** wird das Coronavirus nach verschiedenen Kriterien und Eigenschaften mit den Grippeviren verglichen – es zeigen sich zahlreiche Übereinstimmungen, aber auch einige große Unterschiede.

In **Band 3 („Die Maßnahmen gegen Corona")** werden die Vor- und Nachteile der zahlreichen Eindämmungsmaßnahmen gegen SARS-CoV-2 beschrieben. Besondere Aufmerksamkeit erhält die bis zur Entwicklung der Impfung als Allheilmittel beschriebene Maßnahme der Kontaktnachverfolgung durch die Gesundheitsämter, die angeblich einen bedeutenden Beitrag zur Eindämmung der Epidemie leisten kann – eine These, die kritisch auf ihren Wahrheitsgehalt überprüft wird. Im letzten Kapitel des Bandes wird dargelegt, dass der Lockdown als Maßnahme zur Pandemiebekämpfung in den Pandemieplänen des Robert Koch-Instituts und der WHO **nicht** vorkommt – China hat diese Methode in der Neuzeit zum ersten Mal angewandt, ohne jede wissenschaftliche Untermauerung, und die freiheitlichen Staaten des Westens machten es China einfach nach.

Der zentrale Band dieser Reihe ist der **vierte („Die erste Welle")**, in dem der Verlauf der ersten Welle in Deutschland beschrieben wird. Zentral nicht nur für diesen Band, sondern für das Verständnis der ersten Welle ist natürlich der Verlauf der Kurve der Neuinfektionen, der in Abbildung 1 auf dem Cover der ersten fünf Bände wiedergegeben wird. Diese Grafik ist der wesentliche Grund für meine Verfassungsbeschwerden, für die Normenkontrollklage und auch für das Schreiben dieses Buches. Ich möchte sie daher bereits hier kurz beschreiben: In Deutschland wird auf dem PCR-Test der Tag vermerkt, an dem die ersten Symptome auftraten. Diese Daten werden vom RKI jeden Tag in einer wenig beachteten Excel-Datei veröffentlicht – es sind die Daten mit der höchsten Qualität, die es zum Epidemiegeschehen in Deutschland gibt.[13] Da die Inkubationszeit im Durchschnitt fünf Tage beträgt (Kapitel 4, Band 1), kann man aus diesem Erkrankungsdatum das Infektionsdatum errechnen, indem man vom Erkrankungsdatum 5 Tage abzieht. Diese „Infektionsdaten nach dem Infektionszeitpunkt" werden in Abbildung 1 grafisch dargestellt. Rot markiert ist der 23. März 2020, der erste Tag des Lockdowns (das ist die schönste rote Linie Deutschlands, wenn man mich fragt – Markus Söder ist da wahrscheinlich anderer Meinung). **<u>Diese Grafik müsste die Grundlage für die Bewertung des Infektionsgeschehens in Deutschland bilden</u>, und nicht die Infektionskurve nach den Meldedaten – <u>aber niemand kennt diese Grafik, was eindrücklicher als alles andere beweist, dass die Fakten in der Coronakrise nur eine untergeordnete Bedeutung haben</u>**.

Die Grafik macht deutlich, dass das Maximum der Neuinfektionen bereits am 11. März 2020 erreicht wurde, und dass die Infektionszahlen seit diesem Tag kontinuierlich sanken; am Tag des Lockdowns waren sie bereits um über 30 Prozent zurückgegangen. **<u>Der Lockdown war nicht erforderlich, weil die deutsche Bevölkerung bereits am 12. März 2020 die Kontrolle über das Virus gewonnen hatte – eine in Europa einzigartige Leistung</u>**. Und da die Infektionszahlen nach dem Lockdown nicht schneller zurückgingen als vorher, **<u>war der Lockdown noch nicht einmal geeignet, weitere Infektionen zu verhindern</u>**. Die Corona-Verordnungen der ersten Welle waren ohne jeden Zweifel unverhältnismäßig und daher rechtswidrig.

Der vierte Band beschreibt die Entwicklung zu Beginn der Pandemie, auf die China und Italien großen Einfluss hatten, und prüft dann kritisch die Stellungnahmen aus der Wissenschaft, die sich im März 2020 fast ausschließlich für einen Lockdown aussprachen. Im dritten Kapitel des vierten Bandes werden der Lockdown, die tatsächlich Entwicklung der Neuinfektionen während der ersten Welle und die davon deutlich abweichende Darstellung in den Medien, durch die Politik und auch das RKI (vor allem durch den Präsidenten des Robert Koch-Instituts Prof. Wieler) thematisiert. Im vierten Kapitel wird die (meist sehr positive) Einschätzung des Lockdowns durch verschiedene Wissenschaftler dargelegt und kritisch diskutiert.

In Kapitel 5 des vierten Bandes werden die Todesfälle und die Sterblichkeit von Covid-19 analysiert. Es wird die nach den Altersgruppen differenzierte Letalität der ersten Welle in Deutschland berechnet, aus der wiederum jeder mit Kenntnis seiner Risikofaktoren sein persönliches Letalitäts-Risiko errechnen kann. Die besondere Position der Kinder in der Epidemie und die Sinnhaftigkeit der Schulschließungen werden in Kapitel 6 des vierten Bandes dargelegt, der „Horror in den Pflegeheimen" in Kapitel 7. Der vierte Band schließt mit einer Darlegung eines faktenbasierten Modells des Verlaufs der SARS-CoV-2-Epidemie während der ersten Welle in Deutschland.

Im **fünften Band („Das Versagen der Gerichte")** wird eine Erklärung dafür gesucht, warum die Gerichte die Corona-Verordnungen nicht für rechtswidrig erklärten, obwohl der Lockdown weder notwendig noch geeignet war, um das Virus unter Kontrolle zu bringen. Die beiden entscheidenden Antworten: Die Gerichte nahmen im Rahmen der Eilverfahren einfach die Fakten nicht zur Kenntnis, und sie verweigerten bis heute die Eröffnung der Hauptverfahren. Auch ein Jahr nach Beginn der schwerwiegendsten Eingriffe in die Grundrechte hat sich noch kein einziges Gericht mit den Fakten auseinandergesetzt – bei allen Eilverfahren verließen sich die Gerichte ausschließlich auf die Risikoeinschätzung des RKI, um die Maßnahmen für verhältnismäßig zu erklären. **Die Gerichte machen nicht den Job, den die Verfassung ihnen zugewiesen hat.**

Der (noch nicht fertiggestellte) **sechste Band** beschreibt die Übergangsphase zwischen der ersten und der zweiten Welle – welche Optionen bestanden zu dieser Zeit, und wie hätte man sich besser auf die zweite Welle vorbereiten können? Im **siebten Band** wird der Verlauf der zweiten und dritten Welle in Deutschland beschrieben (er wird wahrscheinlich im Sommer fertiggestellt).

In diesem ersten Band der Reihe werden die wichtigsten wissenschaftlichen Erkenntnisse zu SARS-CoV-2 und Covid-19 vorgestellt. Es werden die Ergebnisse von über 100 wissenschaftlichen Studien referiert, ergänzt durch zahlreiche Veröffentlichungen des Robert Koch-Instituts. Bei den Studien handelt es sich um **die besten** mir bekannten Studien, sie wurden also nicht nach ihrem *Ergebnis* ausgesucht. Besonderes Gewicht wird den **Metastudien** gegeben, also Studien, die sämtliche bis zu einem bestimmten Zeitpunkt veröffentlichte Studien zusammenfassen und bewerten. Wenn der Leser sein Wissen erweitern will, bietet sich hierfür vor allem die Lektüre dieser Studien an.

1. Das neuartige Coronavirus SARS-CoV-2

SARS-CoV-2 steht für *„severe acute respiratory syndrome coronavirus type 2"*, das Virus ist also das *zweite* Coronavirus, das ein *„schweres akutes Atemwegs-Syndrom"* auslösen kann (wenn in diesem Band keine Quelle angegeben wird, ist diese Quelle immer der *„Epidemiologischer Steckbrief zu SARS-CoV-2 und COVID-1"* des RKI[14]). Coronaviren sind bei Säugetieren und Vögeln weit verbreitet, sie treten oft nur bei einem einzigen Tier auf (z.B. Fledermäusen, Schweinen oder auch malaiischen Schuppentieren). Manchmal gelingt einem solchen Virus jedoch der Übergang von seinem bisherigen Wirt auf den Menschen – und dann gibt es eben ein „neuartiges Coronavirus". **SARS-CoV-2 ist innerhalb der letzten 18 Jahre bereits das dritte Coronavirus, dem dieser Übergang auf den Menschen gelungen ist:** SARS-CoV-1 schaffte 2002 den Sprung vom Schwein auf den Menschen, starb aber schnell aus und existiert inzwischen nur noch in einigen Laboren. MERS-CoV (vorheriger Wirt: Dromedare) zeigte sich beim Menschen zum ersten Mal im Jahr 2013 und löst seitdem immer wieder lokale Ausbrüche aus. Sowohl SARS-CoV-1 als auch MERS-CoV sind sehr viel tödlicher als SARS-CoV-2 – die Letalität von SARS-CoV-1 wird auf 8 bis 15 % geschätzt, und ca. 25 Prozent der erwachsenen Patienten werden intensivpflichtig.[15] Die Letalität von MERS-CoV liegt mit ca. 36 Prozent noch deutlich höher.[16] Glücklicherweise sind diese beiden neuartigen Coronaviren kaum ansteckend, weshalb sie keine Epidemien oder sogar Pandemien auslösen konnten.

Beim Menschen kommen noch vier weitere Coronaviren vor: HCoV-229E, HCoV-HKU1, HCoV-NL63 und HCoV-OC43 (das „H" steht für „human"). Sie sind für 5 bis 30 Prozent der respiratorischen Krankheiten (also Erkrankungen der Atemwege) beim Menschen verantwortlich,[17] die meist harmlos verlaufen. Jedoch nicht immer, denn diese Viren können auch Lungenentzündungen oder Bronchiolitis auslösen,[18] für alte Menschen sind diese Viren daher ebenfalls gefährlich.[19]

Diesen vier menschlichen Coronaviren ist der Übergang auf den Menschen schon vor langer Zeit gelungen: Es wird beispielsweise vermutet, dass das Coronavirus OC43 im Jahr 1890 für die „russische Grippe" verantwortlich war, die ca. einer Million Menschen das Leben kostete.[20] Die

Abschwächung dieser „alten" Coronaviren vollzog sich dann über Jahrzehnte – man kann daher nicht davon ausgehen, dass SARS-CoV-2 innerhalb von wenigen Jahren an Gefährlichkeit einbüßen wird.

Das Wissen über die gut erforschten sechs anderen menschlichen Coronaviren hätte bereits zu Beginn der Epidemie im Frühling 2020 sehr viel stärker die Maßnahmen gegen SARS-CoV-2 prägen müssen, als dies der Fall war. Beispielsweise hätte das Wissen über die starke **Saisonalität** der bekannten Coronaviren (Kapitel 14) spätestens Ende April 2020 zu einer völligen Rücknahme der Lockdown-Maßnahmen führen müssen. Ab Mitte April 2020 gab es zum Beispiel keinen Grund mehr, „aus Vorsicht" Krankenhausbetten für Covid-Patienten freizuhalten, die unmöglich kommen konnten. Es ist bis heute nicht sicher, ob sich die politischen Entscheidungsträger der ausgeprägten Saisonalität des Virus bewusst sind.

Beim Umgang mit SARS-CoV-2 darf man nicht außer Acht lassen, dass es nach SARS-CoV-1 und MERS innerhalb von nur 18 Jahren bereits das *dritte* tödliche, neu auf den Menschen übergegangene Coronavirus ist. Man kann daher erwarten, dass in den nächsten Jahren weitere neuartige Coronaviren ihren Weg zum Menschen finden werden. **Es ist sehr unwahrscheinlich, dass die derzeitige Pandemie wirklich ein „Jahrhundertereignis" ist, wie die Politiker nicht müde werden zu behaupten.**[21,22] Wenn solche Ereignisse aber inzwischen deutlich häufiger auftreten als früher, spricht allein dies dafür, dass die bisherige Reaktion der Politik auf SARS-CoV-2 unangemessen war. Bis die nächste Pandemie kommt, sollte die Politik aus den Fehlern in dieser Pandemie gelernt haben und andere, weniger schwerwiegende Kollateralschäden verursachende Eindämmungsstrategien vorbereit haben. Vielleicht orientiert man sich dann ja wieder an den Pandemieplänen des RKI oder der WHO (Kapitel 15, Band 3), deren Warnungen und Empfehlungen in der Coronakrise völlig unbeachtet blieben.

2. Die Übertragungswege

Der Hauptübertragungsweg für SARS-CoV-2 ist die Aufnahme virushaltiger Tröpfchen, die eine infizierte Person beim Atmen, Sprechen, Husten oder Niesen absondert. **Größere Tröpfchen** (5 Mikrometer werden oft als Grenze genannt) sinken nach ein bis zwei Metern zu Boden. Wer einen Sicherheitsabstand von zwei Metern einhält, kann sich also nicht über eine Tröpfcheninfektion infizieren. Dieser Sicherheitsabstand hilft jedoch nicht gegen Tröpfchen, die kleiner sind als 5 Mikrometer, die sogenannten **Aerosole**. Diese sind so klein, und folglich so leicht, dass sie erst nach Stunden zu Boden sinken und daher lange in der Luft stehen bleiben. In geschlossenen, schlecht belüfteten Räumen kann ein Infizierter unter extremen Bedingungen daher auch Personen anstecken, die sich außerhalb des Sicherheitsabstandes befinden. Auf diese Weise ist die Ansteckung auch von Personen möglich, mit denen der Infizierte keinen direkten persönlichen Kontakt hatte. Dieser Ansteckungsweg über Aerosole ist der wichtigste Grund für die Entwicklung der *Tracing-App*: Durch diese App sollen Menschen darüber informiert werden, dass sie in den vergangenen Tagen einem Infizierten nahegekommen sind und folglich die Möglichkeit der Infektion über Aerosole besteht.

Das Risiko einer Ansteckung durch Tröpfchen kann durch das Tragen eines Mund-Nasen-Schutzes (Maske) erheblich reduziert werden (Kapitel 6, Band 3), in diesem Punkt besteht in der Wissenschaft inzwischen Einigkeit. Die Ansteckungsgefahr durch Aerosole, die fast ausschließlich innerhalb von geschlossenen Räumen besteht, kann vor allem durch häufiges Lüften reduziert werden – die Frage ist allerdings, unter welchen Bedingungen das überhaupt nötig ist.

<u>**Inzwischen gilt als gesichert, dass die Tröpfcheninfektion der mit weitem Abstand wichtigste Übertragungsweg von SARS-CoV-2 ist**</u>: *„Forscher aus der Schweiz kamen nach mathematischen Berechnungen zu dem Ergebnis, dass das Infektionsrisiko einer Person mit typischer Virenlast, die normal atmet, gering sei. Nur wenige Menschen mit sehr hoher Virenlast stellen ein Infektionsrisiko [durch Aerosole] in einer schlecht belüfteten geschlossenen Umgebung dar"*.[23] Zur selben Einschätzung kommt auch der Leiter des Frankfurter Gesundheitsamtes Prof. Gott-

schalk: *„Wie eine Grippe wird [Covid-19] über eine Tröpfcheninfektion übertragen, nur ganz selten über Aerosole".*[24]

Aber es gibt weitere überzeugende Hinweise für die sehr geringe Bedeutung von Aerosolen bei der Übertragung von SARS-CoV-2, beispielsweise die Verhinderung von Übertragungen, wenn Masken getragen werden. Masken sind bekanntlich nicht in der Lage, Aerosole zu filtern, da Aerosole zu klein sind. Dennoch kann durch das Tragen von Masken verhindert werden, dass sich das medizinische Personal bei Covid-19-Patienten ansteckt.[25, 26] Aus diesen Gründen ist auch die WHO skeptisch, dass Aerosole bei der Übertragung von SARS-CoV-2 eine bedeutende Rolle spielen.[27]

Das wichtigste Argument, das gegen die Bedeutung von Aerosolen bei der Übertragung von SARS-CoV-2 spricht, besteht darin, dass der R-Wert mit 3,3 sehr viel niedriger liegt als bei Erkrankungen, die über Aerosole weitergegeben werden – die Masern, die sich fast ausschließlich über Aerosole verbreiten, haben beispielsweise einen R-Wert von 15. Das *Center of Disease Control* (CDC, das amerikanische RKI) hat zu dieser Frage im Oktober 2020, als der Hype um die Aerosole bereits im Abklingen war, klar Stellung bezogen:

> ***„Die Epidemiologie von SARS-CoV-2 weist darauf hin, dass die meisten Infektionen bei engem Kontakt weitergegeben werden, und <u>nicht durch Aerosole</u>****... Würde SARS-CoV-2 in erster Linie über Aerosole verbreitet wie die Masern, hätten die Experten eine sehr viel schnellere globale Verbreitung von SARS-CoV-2 erwartet... Die vorliegenden Daten weisen darauf hin, dass sich SARS-CoV-2 mehr wie andere gewöhnliche respiratorische Viren verbreitet, **<u>vor allem durch Tröpfcheninfektion bei geringem Abstand</u>** (weniger als 2 Meter). Es gibt keine Belege dafür, dass Personen infiziert werden können, die sich weit entfernt befinden"*[28] (Übersetzung von mir).

Im Vergleich zu Krankheiten, die ausschließlich über Aerosole verbreitet werden, ist die Ansteckbarkeit von Covid-19 also deutlich geringer, was für einen nur sehr kleinen Anteil der Aerosole bei der Übertragung von Covid-19 spricht.[29] Auch gibt es außerhalb ganz spezifischer Umgebungsbedingungen wie Fleischverarbeitungsbetrieben oder dem gemeinsamen Singen in einem geschlossenen Raum nur sehr wenige nachgewiesene Infektionen von Personen, die sich außerhalb des Sicherheitsradius von zwei Metern um die infizierte Person befanden. Bei großer Bedeutung der Übertragung über Aerosole würde man auch eine sehr viel höhere Ansteckung von Personen erwarten, die im Haushalt der infizierten Person leben – tatsächlich liegt diese Ansteckungsrate aber unter 20 Prozent (Kapitel 8). **Daher spricht daher viel dafür, dass die Tröpfcheninfektion der mit weitem Abstand wichtigste Übertragungsweg von Covid-19 ist**. Das einzige Setting, in dem die Übertragung über Aerosole eine wichtige Rolle spielen dürfte, ist wahrscheinlich das Auto: Die **gemeinsame Autofahrt** mit einem Infizierten ist einer der größten Risikofaktoren für eine Infektion.[30]

Zu Beginn der Epidemie ging man davon aus, dass die **Kontaktübertragung** in erheblichem Ausmaß zu der Übertragung von SARS-CoV-2 beiträgt, was zu großen Anstrengungen bei der Desinfizierung von Oberflächen wie Tischen, Stühlen oder Einkaufswagen führte. Inzwischen weiß man, dass all diese Bemühungen nutzlos waren, da das Virus nicht über Oberflächen übertragen wird. Bisher ist dem hierfür zuständigen *Bundesinstitut für Risikobewertung* kein einziger Fall bekannt, in dem eine Infektion über kontaminierte Oberflächen erfolgte[31] (die Studien, die noch nach mehreren Stunden, wenn nicht sogar Tagen infektiöse Viren auf den unterschiedlichsten Oberflächen nachweisen konnten, waren also wenig hilfreich). Zwei Studien kamen zu dem Ereignis, dass das Ansteckungsrisiko in Haushalten, in denen sich ein Infizierter befindet, weder durch erhöhte Händehygiene noch durch vermehrtes Putzen verringert wird.[32, 33]

Dass es über kontaminierte Oberflächen nicht zu einer Infizierung kommen kann, folgt auch zwingend aus der Tatsache, dass es nur in geringem Umfang Infektionen beim **Personal in den Supermärkten** gibt. Viele dieser Mitarbeiter sitzen oft an der Kasse und fassen dabei die Lebensmittel und Verpackungen an, die gerade von den (manchmal infizierten) Kunden auf das Band gelegt wurden, und die meisten arbeiten dabei nicht mit Handschuhen. Trotz dieses häufigen Kontakts mit frisch kontaminierten Gegenständen haben sich von knapp 8.900

Mitarbeitern in 300 Edeka-Filialen in Südbayern bis September 2020 nur 30 infiziert.[34] **Das entspricht einer Infektionsquote von 0,34 Prozent und liegt damit <u>unter</u> dem bayerischen Durchschnitt vom September 2020 (0,5 Prozent[35]). Die Supermärkte und sogar die Kassen sind in der Coronakrise besonders sichere Arbeitsplätze** – wie passt das in die Weltsicht der Corona-Hysteriker, die überall mögliche Ansteckungs-wege sehen? Gar nicht, wie ein Tweet von Karl Lauterbach vom Dezember 2020 beweist:

> *„Karl Lauterbach (@Karl_Lauterbach) tweeted:*
>
> *(3) Wichtigste Ansteckungen in Gastro, Supermärkten, Geschäf-ten.* ***Die Übertragung in Geschäften und Supermärkten wird stark unterschätzt!*** *Gerade vor Lockdown nahm sie stark zu (Hamstern). Genau das ist uns wahrscheinlich in den letzten 10 Tagen passiert. Was heisst das?*
>
> *(4) Wenn Studie stimmt, was ich glaube, wird Fallzahl bis Neujahr weiter steigen. Einkaufs-Countdown war Fehler, sofortige Schlies-sung, kalt, wäre viel besser gewesen. Auch für Geschäfte, sie blei-ben jetzt lange zu.* ***Wir müssen langen Lockdown nutzen, Einkauf sicherer zu machen"*** [36] *(Hervorhebungen von mir).*

Diese niedrige Infektionsquote unter den Mitarbeitern an den Kassen spricht eindeutig gegen eine nennenswerte Bedeutung von **Aerosolen**: Die meisten Supermärkte sind schlecht belüftet, bis September 2020 trugen die Mitarbeiter an den Kassen keine Maske, und trotzdem reichte die Virenlast der dort einkaufenden Infizierten nicht aus, um die Mitarbeiter anzustecken, die sich in diesen geschlossenen Räumen **stun-denlang** aufhielten. Wenn sich schon die Mitarbeiter nicht ansteckten, wie sollten sich dann andere Kunde infizieren, die sich nur wenige Mi-nuten in dem Supermarkt aufhielten? Irgendeine Idee, Herr Lauterbach?

Als der Virologe Dr. Marco Binder vom Krebsforschungszentrum Heidel-berg daher behauptete, dass „schwache, formlose Kontakte" die Epide-mie treiben würden, verbreitete er **Fake News:**

> ***„Schwache, formlose Kontakte" würden hier die Epidemie trei-ben, sagt Binder.*** *„Das können zum Beispiel der anonyme Mitfah-rer in der Straßenbahn sein,* ***Menschen, die zufällig gleichzeitig***

mit mir im Supermarkt eingekauft haben oder der Assistent des *Abteilungsleiters, bei dem ich nur kurz was abhole"*, sagt Binder[37] *(Hervorhebungen von mir).*

Mit diesen Behauptungen stellte sich der Virologe gegen alle mir zu diesem Thema bekannten wissenschaftlichen Studien. Aber er stand damit nicht allein, denn auch die ZEIT verbreitet mit Leidenschaft Fake News über die Bedeutung von Aerosolen bei der Übertragung von SARS-CoV-2. In einem besonders extremen Artikel (*„Aerosole: So schnell verbreitet sich das Coronavirus in Innenräumen"* [38]) zeigt die ZEIT verschiedene soziale Situationen, in denen sich mehrere Menschen mit einem Infizierten in einem geschlossenen Raum befinden. Auf der Basis einer Modellierungsstudie, die – wie bei Modellierungsstudien allgemein üblich – offensichtlich völlig entkoppelt ist von empirischen Forschungsergebnissen (andere traurige Beispiele für solche Modellierungsstudien werden in Band 4 vorgestellt), errechnet ein Beispielrechner die Ansteckungswahrscheinlichkeiten für die in dem Raum anwesenden Personen, **die alle den Mindestabstand einhalten – es wird also ausschließlich die Ansteckungswahrscheinlichkeit durch Aerosole berechnet**. Würden die errechneten Wahrscheinlichkeiten auch nur annähernd der Realität entsprechen, hätte SARS-CoV-2 einen R-Wert von weit über 10. Beispielsweise steckt eine Lehrerin in einem Raum *mit nur halber Klassengröße* innerhalb von 4,5 Stunden nicht weniger als 4 Schüler an, und zwar **nur durch Aerosole.** Bei voller Klassengröße wären das bereits 8, und am nächsten Tag noch einmal 8. Hinzu kommen alle Ansteckungen über Tröpfcheninfektion, bei ihrer sagenhaften Infektiosität also praktisch alle Personen, mit denen sie spricht. Innerhalb von nur zwei Tagen käme diese Lehrerin locker auf 30 infizierte Personen, wenn keine Gegenmaßnahmen ergriffen werden – die Basisreproduktionszahl von SARS-CoV-2 beträgt aber nur 3,3, und nicht 20 oder 30 (Kapitel 11). Deshalb sind die von der ZEIT angegebenen Ansteckungswahrscheinlichkeiten natürlich völlig absurd, und entweder hat die ZEIT wirklich überhaupt keine Ahnung von den Übertragungswegen und der Basisreproduktionszahl von SARS-CoV-2, oder sie verfolgte das Ziel, in der Bevölkerung Corona-Panik zu verbreiten (pädagogisch wertvoll kurz vor Weihnachten).

Dasselbe gilt für eine „Studie" der TU Berlin („*Covid-19-Ansteckung über Aerosolpartikel*" [39]) – würden die in dieser Veröffentlichung angegebenen Zahlen auch nur annähernd der Realität entsprechen, hätte SARS-CoV-2 eine Basisreproduktionszahl von mindestens 20, ganz offensichtlich verfolgen die Autoren mit diesem Artikel eine politische Agenda. Und natürlich auch der SPIEGEL, der die Studie umgehend groß rausbrachte.[40] Im Februar 2021 passte die ZEIT ihren Artikel dann an die neue Variante B.1.1.7 an, die sich ab Dezember 2020 in Großbritannien verbreitete: Wenn sich 10 Personen für fünf Stunden in einem 40 Quadratmeter großem Raum aufhalten und dabei ständig einen Mindestabstand von 1,5 Metern einhalten, infiziert eine einzige Person im Durchschnitt **drei** andere.[41] Die ZEIT unternimmt jedoch nicht den Versuch zu erklären, warum von Anfang Januar 2021 bis Ende Februar die Zahl der Neuinfektionen in Großbritannien von täglich 60.000 auf 10.000 sank[42] – trotz des hohen Anteils der angeblich so hoch infektiösen Mutante B.1.1.7. Aber im Grunde hat die ZEIT ganz Recht: Wer in Deutschland eine Modellierungsstudie vorweisen kann, muss sich nicht mehr mit lästigen Fakten herumärgern.

Ein letzter Beleg für die Bedeutungslosigkeit von Aerosolen bei der Übertragung von SARS-CoV-2: Im öffentlichen Nahverkehr kommen täglich Millionen von Menschen in geschlossenen Räumen auf engstem Raum zusammen (um ein anschauliches Beispiel zu geben: ein Foto von der Münchener U-Bahn in den Zeiten von Corona[43]). Würden Aerosole eine bedeutende Rolle bei der Übertragung von SARS-CoV-2 spielen, würden sich jeden Tag Hunderttausende im öffentlichen Nahverkehr infizieren. Das passierte aber selbst im März und April 2020 nicht, als es noch keine Maskenpflicht gab.

Das Virus scheint als Eintrittspforte in erster Linie die Nase zu benutzen, und nicht die Augen oder den Rachen.[44] Keine Übertragung des Virus erfolgt durch den Verzehr kontaminierter Nahrungsmittel oder Getränke. Auch scheinen infizierte Schwangere das Virus nicht auf das ungeborene Kind zu übertragen.

Fazit: Bezüglich der Übertragungswege gab es im Verlauf der Epidemie eine ganze Menge guter Nachrichten – leider wurden diese von den Medien nur sehr zögerlich weitergegeben.

3. Die Symptome von Covid-19

Es gibt unglücklicherweise keine Unterschiede zwischen den Symptomen von Covid-19 und anderen respiratorischen Erkrankungen wie der Grippe (Influenza) oder einfachen Erkältungen: *„Die Erkrankung [Covid-19] ist symptomatisch einer viralen Grippesymptomatik ähnlich und klinisch von dieser nicht zu unterscheiden".*[45] Die am häufigsten auftretenden Symptome sind laut RKI („Steckbrief zu Covid-19", Stand: 25.02.2021): **Husten** (bei 40% der Patienten), **Schnupfen** (29%), **Fieber** (27%) und **Störung des Geruchs- und/oder Geschmacksinns** (22%). Viele Erkrankte entwickeln nur ein einziges Symptom – und das kann leider auch einfach nur eine laufende Nase sein.

Ungefähr 35 bis 45 Prozent aller Infizierten entwickeln gar keine Krankheitssymptome, ihre Infektion verläuft also ***asymptomatisch***. Dieser Anteil ist jedoch noch immer nicht eindeutig geklärt. Selbst Übersichtsarbeiten über die zu diesem Thema veröffentlichten Studien geben unterschiedliche Durchschnittswerte an, sie reichen von 17% [46] (ein Ausreißer, wie die Autoren selber zugeben) bis 50%.[47, 48, 49, 50, 51] Das CDC gibt als „beste Schätzung" 40 Prozent an.[52] Sicher ist, dass der Anteil der asymptomatischen Infizierten mit dem Alter abnimmt: Bei den Kindern werden Prozentsätze von 50 bis 80 genannt, während bei den über 70-Jährigen höchstens 30 Prozent keine Symptome zu entwickeln scheinen.[53] Da asymptomatische Infizierte mit großer Wahrscheinlichkeit immun werden, aber selbst nur mit sehr kleiner Wahrscheinlichkeit andere infizieren (Kapitel 8), ist eine asymptomatisch verlaufende Infektion einer Impfung im Grunde sehr ähnlich.

Es ist wichtig, Personen, die zu keinem Zeitpunkt ihrer Infektion Symptome zeigen (*asymptomatische* Infizierte, die niemals erkranken), von den Infizierten zu unterscheiden, die sich noch in der Inkubationszeit befinden und deshalb kurz davorstehen, Symptome zu entwickeln (***präsymptomatische*** Patienten). Während die erste Gruppe praktisch nicht infiziös ist, sind die präsymptomatischen Patienten ganz besonders ansteckend. Deshalb darf „asymptomatisch" auf keinen Fall mit „präsymptomatisch" verwechselt werden, was leider auch Experten immer wieder passiert.

4. Der Verlauf von Covid-19

Wenn passiert ist, was nach dem Willen der Politiker (und fast aller anderen) nicht passieren darf, nämlich die Übertragung von SARS-CoV-2 von einer Person auf eine andere, dann beginnt die **Latenzzeit.** Die **Latenzzeit** umfasst den Zeitraum zwischen dem Tag, an dem eine Person sich infiziert, bis zu dem Zeitpunkt, an dem sie selbst infektiös wird, also andere infizieren kann. Dieser Zeitraum ist naturgemäß schwer zu bestimmen, er wird auf **2,5 bis 4 Tage** geschätzt.[54] 2,5 Tage nach der Infektion ist also der absolut früheste Zeitpunkt, zu dem ein Infizierter andere anstecken kann, das RKI geht von **3 Tagen** aus.[55] Dieses 3-Tage-Intervall sollte jeder im Kopf haben, der befürchtet, dass er sich in einer bestimmten Situation infiziert hat, **denn erst drei Tage später wird er zu einer Gefahr für andere werden.**

Leider ist die Latenzzeit bei Covid-19 kürzer als die **Inkubationszeit,** die 5-6 Tage beträgt (RKI). Die Infizierten werden also schon vor dem Auftreten der ersten Symptome ansteckungsfähig, **im Durchschnitt beginnt die Ansteckungsfähigkeit 2,5 Tage vor dem Symptombeginn.** Dieses äußerst unerfreuliche Merkmal der Krankheit macht die Quarantäne von engen Kontaktpersonen grundsätzlich sinnvoll. Dabei kommt es aber darauf an, dass die infizierte Kontaktperson noch vor Beginn ihrer Infektiosität von den Gesundheitsämtern über ihren „Gefährderstatus" informiert wird. Ein Infizierter, der noch während der Inkubationszeit erfährt, dass er Kontakt mit einem Covid-19-Patienten hatte und möglicherweise selbst auch infiziert ist, kann sein Sozialverhalten entsprechend vorsichtiger gestalten. **Der gesamte gigantische Arbeitsaufwand der Gesundheitsämter bei der Kontaktnachverfolgung hat in erster Linie den Zweck, Infizierte noch in diesem kurzen Zeitfenster zwischen Beginn der Ansteckungsfähigkeit und Beginn der Symptome zu erwischen** (s. Kapitel 9, Band 3), denn sobald sich die ersten Krankheitssymptome zeigen, verhalten sich die Infizierten ja ohnehin sehr viel vorsichtiger. Die Nachricht, möglicherweise infiziert zu sein, ist *nach* dem Auftauchen der ersten Krankheitszeichen natürlich noch immer informativ, der Nutzen ist aber deutlich geringer – der Zeitfaktor spielt hier also eine ganz entscheidende Rolle. Doch leider ist schnelles und effektives Arbeiten keine Stärke der deutschen Gesundheitsämter (s. Kapitel 9, Band 3).

Für Personen, die gar keine Symptome entwickeln (asymptomatische Infizierte) ist die Information des Gesundheitsamts von größerer Bedeutung, weil sie ohne diese Information zehn Tage lang ansteckend wären, ohne es zu wissen. Andererseits sind asymptomatische Infizierte sehr viel weniger ansteckend als symptomatische. Für die Infizierten, die Symptome entwickeln, ist die vergleichsweise lange Inkubationszeit von fünf Tagen ein großer Vorteil, da das Immunsystem (vergleichsweise) lange Zeit hat, um seine Abwehrkräfte gegen SARS-CoV-2 mobilisieren. Ganz schlecht ist es daher, wenn die Infektion nicht über die Nase verläuft, sondern wenn bei der Infektion eine große Virenlast direkt in den Rachen übertragen wird. Dann sind die Viren bereits in der Nähe der unteren Atemwege, bevor das Immunsystem Zeit für die Organisation einer Abwehr hatte. Das erhöht die Gefahr eines schweren Verlaufs erheblich.

Die Angabe von 5 bis 6 Tagen für die Inkubationszeit ist nur ein Durchschnittswert, leider ist die Inkubationszeit bei manchen Patienten etwas länger. Die 14 Tage, die lange Zeit die Grundlage für die Quarantäne der Kontaktpersonen bildete,[56] scheinen aber völlig übertrieben zu sein: In einer Metastudie[57] errechneten die Autoren eine mittlere Inkubationszeit von 5,1 Tagen, was in völliger Übereinstimmung mit der Schätzung des RKI steht. Die fünf Studien, aus denen dieser Wert von 5,1 errechnet wurden, geben für die Inkubationszeit 95-%-Intervalle von mindestens 4,1 und höchstens 7,7 an (a.a.O., Figure 2). Das bedeutet, dass in allen fünf Studien (die mit der Schätzung der mittleren Inkubationszeit des RKI völlig übereinstimmen!) weniger als 2,5 Prozent aller Patienten eine Inkubationszeit von mehr als 7,7 Tagen hatten – wahrscheinlich liegt dieser Anteil in allen Studien durchschnittlich bei unter einem Prozent. Hinzu kommt, dass die Inzidenz von engen Kontaktpersonen ohnehin unter 5 Prozent liegt (Kapitel 8). **<u>Es ist aus diesen Gründen völlig unverhältnismäßig und damit rechtswidrig, die Quarantäne von Kontaktpersonen auf mehr als 8 Tage festzusetzen</u>**. Die spätere Reduzierung der Quarantäne auf 10 Tage, falls ein negativer Test vorgewiesen wird, dürfte nur bei der Durchführung eines Antigen-Tests einen Unterschied machen, denn bei den PCR-Tests muss man meist länger als 4 Tage auf das Ergebnis warten (Kapitel 7).

Es ist höchst erstaunlich, dass die Exekutive sowohl den Personenkreis als auch die Zeitspanne der Quarantäne festgelegen konnte, ohne dass sich bisher in der Bevölkerung Widerstand geregt hat. Wenn eine Person sich so verhält, dass sie ganz offensichtlich eine Gefahr für die Allgemeinheit darstellt (indem sie beispielsweise mit einem Messer in der Hand durch die Straßen läuft und laute Drohungen ausstößt), dann wird sie im Regelfall in die geschlossene Abteilung einer Psychiatrie eingewiesen. Wenn der behandelnde Psychiater dann zu dem Schluss kommen, dass diese Person weiterhin eine Gefahr für die Allgemeinheit darstellt, muss er innerhalb von 24 Stunden einen **Richter** kommen lassen, der über die Zwangseinweisung entscheidet.[58] **Der Experte (in diesem Fall also der Psychiater) darf im deutschen Rechtsstaat** *nicht* **über die Angemessenheit der Freiheitseinschränkung entscheiden – das darf nur ein Richter.**

Ganz anders in den Zeiten von Corona: Hier legen die Experten (RKI und Gesundheitsämter) sowohl die Zeitdauer als auch den Personenkreis nach Kriterien fest, die sie noch nicht einmal offenlegen müssen. Warum 14 Tage und nicht nur 8 Tage? Bei wie vielen quarantänisierten Personen haben sich erst in der zweiten Woche der Quarantäne die Symptome gezeigt (wenn sie überhaupt infiziert waren)? Ich habe „meinem" Gesundheitsamt diese und noch einige weitere Fragen vorgelegt. Die Antwort auf alle Fragen lautete, dass man das nicht wisse, für so etwas habe man keine Zeit, dafür habe ich doch sicher Verständnis. Nein, habe ich nicht, **die Gesundheitsämter sollten bei etwas so Wichtigem wie einem 10-bis-14-tägigen Freiheitsentzug nämlich unbedingt einer Kontrolle unterliegen.** Ich habe daher beim zuständigen Verwaltungsgericht Klage auf Auskunft eingereicht, und hoffentlich bleibe ich nicht der Einzige, der von den Gesundheitsämtern Rechenschaft einfordert.

Die mittlere Inkubationszeit muss man kennen, um von dem oft bekannten Tag, an dem die ersten Symptome auftraten, auf den Infektionszeitpunkt schließen zu können. Für die Beurteilung des Verlaufs der Epidemie ist natürlich der Tag der **Infektion** und nicht der Erkrankungsbeginn der entscheidende Zeitpunkt – ihn muss man kennen, um beurteilen zu können, ob Maßnahmen wie ein Lockdown notwendig und effektiv waren. In Band 4 wird die mittlere Inkubationszeit daher eine wichtige Rolle spielen.

Die mit Abstand wichtigste Information, die man über eine neuartige Erkrankung in Erfahrung bringen will, betrifft natürlich ihre **Gefährlichkeit**: Wie viele der Infizierten haben einen schweren oder sogar lebensgefährlichen („kritischen") Verlauf? Das RKI gibt hierzu schon seit Beginn der Pandemie die Zahlen an, die von der WHO bereits am 6. März 2020 (!) veröffentlicht wurden,[59] und die der Präsident des RKI schon im Februar 2020 auf einer Pressekonferenz nannte:[60] **80 Prozent der diagnostizierten Personen haben einen asymptomatischen oder milden Verlauf, etwa 15 Prozent haben einen „schwereren" („severe") und 5 Prozent haben einen „kritischen" Verlauf** (Steckbrief zu Covid-19", Stand: 16.10.2020; unter „kritisch" versteht das RKI die Notwendigkeit einer Behandlung auf der Intensivstation[61]). Das wird von den meisten Lesern so verstanden, dass 80 Prozent der mit SARS-CoV-2 Infizierten einen milden oder asymptomatischen, 15 Prozent einen schweren und 5 Prozent einen kritischen Verlauf haben – **aber genau das stimmt nicht, da ein großer Teil der Infektionen nie entdeckt wird.** Aufgrund einiger in Deutschland durchgeführter Antikörper-Studien schätzt man, dass während der ersten Welle nur ungefähr ein Fünftel aller Infizierten getestet wurde, 80 Prozent der Infektionen also unentdeckt blieben (Kapitel 15).

Diese nicht entdeckten Infizierten verteilen sich nun nicht einfach proportional auf die drei Kategorien „mild", „schwerer" und „kritisch", sondern fallen praktisch alle in die Kategorie „mild" (bzw. asymptomatisch). Es ist äußerst unwahrscheinlich, dass während der ersten Welle in Deutschland ein schwer oder sogar kritisch Erkrankter nicht auf SARS-CoV-2 getestet wurde, deshalb dürfte die Dunkelziffer bei diesen Erkrankungsverläufen nahe null liegen. Selbst wenn man bei vorsichtiger Schätzung davon ausgeht, dass die Zahl der tatsächlich Infizierten nur viermal so groß ist wie die Zahl der „diagnostizierten Fälle", bedeutet dies, **dass es <u>bei 95 Prozent aller Infektionen einen asymptomatischen oder milden Verlauf gibt, bei ca. 4 Prozent einen schwereren Verlauf, und bei nur 0,5 bis 1 Prozent aller Infektionen einen kritischen Verlauf</u>.** Man muss dem RKI daher den Vorwurf machen, mit seinen immer wieder vorgetragenen Zahlen über den Verlauf von Covid-19 der von § 3

Infektionsschutzgesetz geforderten „Aufklärung" der Bevölkerung über die Gefährlichkeit der Erkrankung *entgegenzuwirken*, denn nie erwähnt das RKI im Zusammenhang mit der Darstellung des Covid-Verlaufs, dass es in Deutschland in der ersten Welle eine hohe Dunkelziffer gab. Tatsächlich veröffentlichte das RKI bereits am 20. März 2020 in einem nur für Fachleute bestimmten Artikel praktisch dieselben Zahlen, die ich soeben angegeben habe: 4,5 Prozent aller Infizierten erleiden einen schweren Verlauf, und davon werden ungefähr ein Viertel (also ca. 1 Prozent aller Infizierten) intensivpflichtig.[62] Das RKI scheint hier eine **Doppelstrategie** zu verfolgen: Der viel gelesene „Steckbrief" wird im Geiste der Corona-Hysterie verfasst, während in den Veröffentlichungen für die Fachleute die wahren Fakten zu finden sind.

Die vom RKI angegebenen Zahlen sind aber aus einem weiteren Grund irreführend: Sie **werden für die gesamte Bevölkerung** angegeben, obwohl die Schwere des Krankheitsverlaufs **in extremer Weise vom Alter abhängig** ist. Meiner Meinung nach ist die Angabe dieser Zahlen unsinnig und irreführend, denn diese Durchschnittszahlen für den Krankheitsverlauf (95% asymptomatische oder milde Verläufe, 4 Prozent schwerer, und bei 1 Prozent der Patienten ein kritischer Verlauf) treffen vermutlich nur auf die 60-70-jährigen Männer und die 65-75-jährigen Frauen zu. Bei den älteren Patienten gibt es deutlich mehr schwere und kritische Verläufe, während bei Kindern schwere und kritische Verläufe praktisch gar nicht vorkommen. Es macht bei Covid-19 **grundsätzlich** keinen Sinn, für die Gesamtbevölkerung Durchschnittswerte für die Krankheitsschwere oder die Letalität anzugeben, da es bei diesen Kennzahlen extreme Unterschiede zwischen den Altersgruppen gibt.

Im Durchschnitt bleibt ein an Covid-19 Erkrankter nach Symptombeginn **10 Tage infektiös**, seine Ansteckungsfähigkeit nimmt dabei ab Symptombeginn von Tag zu Tag stark ab. Deshalb dauert die Isolierung von Erkrankten inzwischen meist nur noch 10 Tage nach dem positiven PCR-Testergebnis,[63] die zu Beginn der Epidemie festgesetzten 14 Tage waren völlig unangemessen (es ist für mich nicht nachvollziehbar, mit welcher Leichtigkeit die Exekutive hier den Freiheitsentzug anordnen kann, ohne diese selbstgemachten Regeln vor Gericht auch nur begründen zu müssen). Zwischen den Erkrankten gibt es jedoch große Unterschiede bezüglich der Dauer ihrer Infektiosität. Man weiß inzwischen, dass schwer Erkrankte besonders lange ansteckend sind. Für die in Krankenhäusern behandelten Patienten gelten deshalb andere Isolier-Regeln, und auch in Pflege- und Altenheimen, da alte Menschen mit Vorerkrankungen öfter schwer erkranken.

Der Schweregrad der Erkrankung ist aber nicht der einzige Einflussfaktor auf die Infektiosität. Es wäre deshalb hilfreich, wenn Erkrankte wissen würden, in welchem Maß sie ansteckend sind. *Glücklicherweise* liefert der PCR-Test einen sehr guten Hinweis auf die Infektiosität des Getesteten, nämlich die **Zahl der Zyklen**, die zum Nachweis des Virus erforderlich sind (Kapitel 7) – wenn das Virus schon nach wenigen Zyklen nachgewiesen werden kann, spricht viel dafür, dass der Patient sehr infektiös ist. *Unglücklicherweise* ist es in Deutschland jedoch übliche Praxis, dass diese wichtige Information weder an den Patienten noch an das Gesundheitsamt weitergegeben wird – sie wird nämlich einfach nicht notiert.

Warum das geschieht, ist eines der vielen ungelösten Rätsel der Epidemie. Patienten, die besonders infektiös sind, erfahren nicht, dass sie für ihre Umwelt eine besonders große Gefahr darstellen, und ebenso wird Patienten, die mit großer Wahrscheinlichkeit nicht (mehr) infektiös sind, diese Information vorenthalten. Auch wird durch die Unterschlagung dieser wichtigen Information verhindert, dass neue Erkenntnisse über Covid-19 gewonnen werden, beispielsweise ob von schwer erkrankten Patienten verursachte Infektionen ebenfalls wieder zu schweren Erkrankungen führen, während von milde erkrankten Personen auch nur milde Erkrankungen verursacht werden.

Wenn die Krankheit einen <u>schweren Verlauf</u> nimmt und eine Hospitalisierung erforderlich wird, sind seit Symptombeginn laut RKI im Durchschnitt vier Tage vergangen. Doch auch hier gibt es deutliche Altersunterschiede: Am schnellsten werden die Kleinkinder (nach nur einem Tag) und die ältesten Patienten ins Krankenhaus eingeliefert (nach durchschnittlich 2 Tagen), am längsten dauert es bei den 40-59-Jährigen mit durchschnittlich 6 Tagen.[64] Da Personen dieser Altersgruppe die längste Aufenthaltsdauer auf der Intensivstation haben, wenn sie intensivpflichtig werden, spricht viel dafür, dass die Gefährlichkeit von Covid-19 in dieser Altersgruppe zu spät erkannt wird und die Patienten daher erst dann ins Krankenhaus und auf die Intensivstation überwiesen werden, wenn sich ihr Zustand bereits unnötig verschlechtert hat. **Eine frühere Behandlung der 40-59-Jährigen könnte daher manche kritischen Verläufe verhindern.**

Nicht ganz klar ist, wie groß der Anteil der hospitalisierten Patienten ist, der auf die **Intensivstation** überwiesen werden muss: In dem großen Bericht über die „Krankheitsschwere der ersten Covid-19-Welle" gibt das RKI 14 Prozent an,[65] in einer großen Studie über 10.000 hospitalisierte AOK-Patienten lag der Anteil der *beatmeten* Patienten jedoch bei 17 Prozent[66] – da nicht jeder Intensivpatient beatmet wird, ist das eine recht große Diskrepanz zwischen den beiden Studien.

Bei den **tödlich** verlaufenden Erkrankungen vergehen laut RKI von Erkrankungsbeginn bis zum Eintritt des Todes durchschnittlich 11 Tage (a.a.O., Tabelle 5). Diese Information ermöglicht es, von der zeitlichen Verteilung der Todesfälle auf die zeitliche Verteilung der Neuinfektionen zu schließen, denn anders als bei der Zahl der offiziell bekannten Neuinfektionen gibt es bei den Covid-19-Todesfällen praktisch keine Dunkelziffer.

Die **Letalität** von Covid-19 wird in Kapitel 16 dargelegt, die **Risikofaktoren** für einen schweren Verlauf im nächsten Kapitel.

Bei den **Langzeitfolgen** von Covid-19 („Long Covid") werden in erster Linie diffuse Müdigkeit (*chronic fatigue*), Kurzatmigkeit und Gelenkschmerzen berichtet.[67] Die Corona-Hysteriker versuchen, aus diesen rein anekdotischen Berichten, an denen sich erstaunlicherweise selbst das renommierte Journal *Nature* beteiligt,[68] eine große Sache zu machen. Man weiß ja so wenig! Die Folgen werden erst in Jahren zu sehen sein! Auch leichte Krankheitsverläufe können zu schweren Folgeschäden führen! Das RKI kontert diese Diskussion ganz trocken mit folgendem Hinweis: *„Längere Genesungszeiten werden allerdings auch bei anderen Infektionskrankheiten mit Pneumonien beobachtet und sind* *prinzipiell nicht ungewöhnlich*" (S.6 des Steckbriefs). Über ein Jahr nach Beginn der Pandemie und nach Zehntausenden veröffentlichten Artikeln müssen diejenigen, die vor den angeblich so schweren Folgeschäden warnen, definitiv mehr liefern als anekdotische Berichte. Zeit genug hatten sie, und es dürfte keine andere Erkrankung geben, zu der bereits so viele Daten gesammelt wurden wie zu Covid-19. Noch immer darauf zu verweisen, dass man so wenig wisse, ist vor dem Hintergrund von inzwischen über 100 Millionen Genesenen (Stand: Februar 2021) der best-erforschten Krankheit der Welt einfach zu wenig.

Im Januar 2021 erschien dann endlich eine qualitativ hochwertige Studie (natürlich aus Asien, ohne die asiatische Forschung würden wir fast nichts über Covid-19 wissen) über die Langzeitfolgen von Covid-19.[69] Sechs Monate nach ihrer Entlassung aus dem Krankenhaus wurden insgesamt 1.733 Covid-19-Patienten noch einmal intensiv untersucht, im Durchschnitt waren sie 57 Jahre alt. 63 Prozent litten an „Müdigkeit oder Muskelschwäche", 26 Prozent unter „Schlafproblemen", 22 Prozent hatten Haare verloren und 11 Prozent hatten Probleme mit dem Riechen. 23 Prozent gaben an, unter Ängstlichkeit oder Depressivität zu leiden – zu Corona-Zeiten gelten für Nicht-Erkrankte praktisch dieselben Zahlen (Kapitel 11, Band 3). Einen sechsminütigen Gehtest bewältigten die Patienten mit einer Durchschnittsgeschwindigkeit von 4,95 km/h (das schafft meine Freundin zum Beispiel *nicht*). Von den Patienten, die *nicht-invasiv* beatmet werden mussten, hatten **nur 1 Prozent** Probleme, „normale" Aktivitäten auszuführen, nach *invasiver* Beatmung lag dieser Prozentsatz bei 5. Insgesamt dürften diese Zahlen nicht zu unterscheiden sein von den Langzeitfolgen einer Grippe-Erkrankung, die eine Krankenhauseinweisung bzw. eine nicht-invasive Beatmung erforderlich machte. Die Studie gibt keine Hinweise auf die von Karl Lauterbach (einem führenden Corona-Hysteriker) befürchteten, angeblich häufig auftretenden Langzeitfolgen wie Impotenz oder Demenz, was natürlich nicht bedeutet, dass es diese, und noch viel schlimmere, Langzeitfolgen nicht doch gibt. *Wir wissen ja noch so wenig*, und vielleicht haben die chinesischen Patienten diese Langzeitfolgen nur nicht angegeben, weil sie sich dafür schämten oder weil sie sie schlicht vergessen hatten.

Die Corona-Hysteriker müssen jedoch unbedingt plausibel machen, warum – wie sie oft behaupten – ein *milder* Krankheitsverlauf zu schwereren Folgeschäden führen soll als ein *schwerer* Krankheitsverlauf (die chinesischen Forscher der gerade dargelegten Studie beispielsweise sehen das ganz anders und empfehlen, sich bei den Interventionen zur Langzeit-Genesung auf die schwer erkrankten Patienten zu konzentrieren, aber vielleicht ist Karl Lauterbach in diesem Punkt klüger). Solange ihnen dies nicht gelingt, gehe ich in diesem Buch davon aus, dass die Langzeitschäden bei Covid-19 den Langzeitschäden andere Viruserkrankungen bei gleicher Schwere des Krankheitsverlaufs sehr ähnlich sind. Um ein konkretes Beispiel zu geben: Das Pfeiffersche Drüsenfieber hat selbst bei moderatem Krankheitsverlauf Langzeitfolgen, die mir deutlich schwerer zu sein scheinen als die Symptome von „Long Covid".

5. Die Risikofaktoren für einen schweren Verlauf

Im letzten Kapitel wurde gezeigt, dass Covid-19 nicht alle in gleicher Weise trifft – die überwiegende Mehrzahl der Infizierten entwickeln entweder gar keine Symptome oder haben nur leichte Erkältungssymptome, während bei ungefähr einem Prozent der Infizierten die Behandlung auf der Intensivstation erforderlich ist. Diese gigantischen Unterschiede sind zum größten Teil unerklärlich, denn viele 100-Jährige mit schweren Vorerkrankungen überstehen die Erkrankung unbeschadet, während manche gesunde, sportliche 25-jährige Covid-Patienten wochenlang beatmet werden müssen (einen solchen Fall kenne ich persönlich – Covid-19 kann auch für junge, sportliche Menschen eine sehr gefährliche Krankheit sein, auch wenn das extrem selten ist).

Dennoch kann man durch die Analyse der großen Datenmengen, die inzwischen von Covid-19-Patienten vorliegen, Risikofaktoren für einen schweren Verlauf von Covid-19 identifizieren. Bei Personen mit diesem Risikofaktor gibt es häufiger schwere Verläufe der Erkrankung als bei Personen ohne diesen Risikofaktor. Daher werden Personen mit zumindest einem dieser Risikofaktoren als „Risikogruppen" bezeichnet.

Es gibt eine ganz seltsame Diskrepanz zwischen der Aufmerksamkeit, die die Risikofaktoren für einen schweren Covid-19-Verlauf in der Öffentlichkeit erhalten, und dem Interesse der Wissenschaft an ihnen. Während die Medien permanent von „den Risikogruppen" berichten, und jedem in Deutschland die wichtigsten Risikofaktoren bekannt sein dürften, werden sie von der deutschen Wissenschaft praktisch ignoriert: Mit Ausnahme der beiden wichtigsten Risikofaktoren ist weder das RKI noch irgendjemand sonst in Deutschland in der Lage, konkrete Angaben zu der Bedeutung der Risikofaktoren zu machen (Update: das hat sich im Januar 2021 durch den Bericht der STIKO zur Impfempfehlung geändert[70]). Das ist erstaunlich, denn konkretes Wissen über diese Faktoren würden jedem einzelnen eine persönliche Analyse seines eigenen Risikos ermöglichen – inmitten einer tödlichen Epidemie sicher etwas Erstrebenswertes. Am Ende dieses Kapitels werde ich über mögliche

Gründe für das erstaunliche Desinteresse der deutschen Wissenschaft (und des RKI) an den Risikofaktoren für Covid-19 spekulieren.

Der bei weitem wichtigste Risikofaktor für einen schweren Verlauf von Covid-19 ist natürlich **das Alter**. Am deutlichsten wird dies bei den Todesfällen (ein Ergebnis aus Band 4 soll hier bereits mitgeteilt werden): Wenn man die Bevölkerung nach dem Alter in zwei gleich Teile teilt, **entfallen auf die jüngere Hälfte 0,6 % aller Todesfälle und auf die ältere 99,4 %**, in der älteren Hälfte der Bevölkerung gibt es also 150-mal so viele Todesfälle wie in der jüngeren. Mehr muss man nicht mehr sagen, um die extreme Bedeutung des Alters für den Verlauf der Erkrankung zu belegen.

Der zweitwichtigste Risikofaktor ist das Geschlecht – Männer sind durch Covid-19 deutlich stärker gefährdet als gleichaltrige Frauen. Dieser Effekt wird durch jede Grafik veranschaulicht, in der die Todesfälle nach dem Alter und dem Geschlecht differenziert werden, wie z.B. die Grafik der LGL Bayern.[71] In allen Dekaden von 20-29 bis 70-79 gibt es ungefähr doppelt so viele Todesfälle bei den Männern wie bei den Frauen. Das ändert sich erst bei den über 80-Jährigen – ganz einfach, weil in dieser Altersgruppe die Männer bereits deutlich in der Unterzahl sind. Die Letalität der Männer entspricht in etwa der Letalität von Frauen, die sieben Jahr älter sind. Männer machen 70 Prozent der intensivpflichtigen Patienten aus[72] und müssen doppelt so häufig beatmet werden wie Frauen.[73] Nach dem Alter ist das (männliche) Geschlecht der zweitwichtigste Risikofaktor für Covid-19.

Die übrigen Risikofaktoren – vor allem verschiedene chronische Erkrankungen – werden vom RKI und von der deutschen Wissenschaft außerordentlich stiefmütterlich behandelt. Die beiden bereits erwähnten großen Studien, die es zur Krankheitsschwere von Covid-19 in Deutschland gibt, verfügen zwar über riesige Datenmengen, und bei vielen Patienten auch konkrete Informationen über chronische Erkrankungen, sie beschränken sich bei der Datenanalyse aber auf die **deskriptive Darstellung der Häufigkeiten**.[74,75] Diese lassen aber keinen Schluss darüber zu, ob die genannten chronischen Erkrankungen tatsächlich Risikofaktoren sind – dazu müsste es zumindest einen Vergleich mit gleichaltrigen Patienten geben, die nur leicht erkrankt sind. Man hätte hier mit sehr einfachen statistischen Mitteln Klarheit gewinnen können, zumindest hätte eine Regressionsanalyse durchgeführt werden müssen (in die zuerst das Alter und das Geschlecht eingeführt werden), oder eine mehrfaktorielle Varianzanalyse. Am Ende ihres Berichts schreiben die RKI-Wissenschaftler: *„Aufgrund der Limitationen dieser Surveillancedaten ist es jedoch nicht möglich, einen kausalen Zusammenhang zwischen Risikofaktoren und der Schwere der Erkrankung zu belegen"* (a.a.O., S.17). Das stimmt natürlich nicht, denn die Daten sind großartig – es dürfte nicht viele Erkrankungen geben, für die es so viele Daten von so hoher Qualität gibt. **Der Fehler liegt nicht bei den Daten, sondern bei der fehlenden Auswertung durch die Forscher.**

Glücklicherweise haben britische Forscher genau diese Auswertungen durchgeführt und in einem großartigen *Nature*-Artikel veröffentlicht.[76] Sie analysierten die Daten von über 17 Millionen britischen Patienten, von denen 10.926 an Covid-19 verstorben waren (ihnen standen also praktisch dieselben Daten zur Verfügung wie in Deutschland dem RKI, nur haben sie mehr daraus gemacht). Die Forscher berechneten für alle Risikofaktoren die **Hazard Ratio**, also den Faktor, um den das Risiko des Versterbens durch das Vorliegen des Risikofaktors erhöht wird (wobei mehrere sozio-demografische Variablen wie Alter oder Geschlecht zusätzlich berücksichtigt wurden). Erwartungsgemäß wies **das Alter** die mit Abstand größte Hazard Ratio auf (a.a.O., Tabelle 2): Über 80-Jährige haben ein mehr als 20-mal so großes Risiko, an Covid-19 zu versterben, wie 50- bis 59-Jährige (HR = 20,6). Und das ist noch eine deutliche Unterschätzung: Da die Briten im Durchschnitt 45 Jahre alt sind, und nicht 55 Jahre, hätten die Autoren die Dekade der 40-49-Jährigen als Vergleichsintervall nehmen müssen, und dann hätte sich für die über 80-Jährigen eine **HR von 68** ergeben.

Von den weit verbreiteten Erkrankungen folgten in der Liste der Risikofaktoren eine schwere Nierenerkrankung (HR = 2,5), Schlaganfall oder Demenz (HR = 2,2), schwerer Diabetes (HR = 1,9), eine schwere Lebererkrankung (HR = 1,7), eine während des letzten Jahres diagnostizierte Krebserkrankung (HR = 1,7), respiratorische Erkrankungen (HR = 1,6; die Ausnahme bildet hier Asthma, das erstaunlicherweise nur ein schwacher Risikofaktor ist), und sehr hohes Übergewicht (bei einem BMI über

35 betrug die HR 1,4, die STIKO gibt für Adipositas einen deutlich höheren Wert an). Der für uns Deutsche so wichtige Bluthochdruck ist nur bei den unter 70-Jährigen ein Risikofaktor, während er bei den über 70-Jährigen rätselhafterweise zu einem *Schutzfaktor* wird (HR = 0,73 bei den über 80-Jährigen!).

All diese Erkrankungen erhöhen zwar deutlich das Risiko, an Covid-19 zu versterben, aber sie machen aus Personen mit diesen Erkrankungen natürlich keine Risikopersonen. Schwerer Diabetes verdoppelt zwar im Vergleich zu gleichaltrigen Personen des gleichen Geschlechts das Risiko, an Covid-19 zu versterben, aber bei jungen Menschen ist dieses Risiko dann immer noch mikroskopisch klein (s. Kapitel 5, Band 4). Die Medien, die Politiker und leider auch einige Wissenschaftler haben seit Beginn der Epidemie versucht, jeden an Diabetes, Bluthochdruck oder einem Nierenleiden Erkrankten den „Risikogruppen" zuzuordnen. Zum Beispiel der Bundesgesundheitsminister, nach dessen Einschätzung 30 bis 40 Prozent der Bevölkerung zu den Risikogruppen gehören:

> *„Wir sind ein Wohlstandsland mit Zivilisationskrankheiten: Diabetes, Bluthochdruck, Übergewichtigkeit. Alles Risikofaktoren für dieses Virus… Wenn Sie nach der Definition gehen, sind **30 bis 40 der Bevölkerung Risikogruppe"**.*[77]

Bei einem Minister kann man vielleicht noch von Unwissenheit ausgehen, aber diese Entschuldigung gilt nicht mehr für die Gesellschaft für Virologie, die dasselbe behauptet:

> *„Ein erhöhtes Risiko für einen schweren Covid-19-Verlauf ergibt sich z.B. bei Übergewicht, Diabetes, Krebserkrankungen, einer Niereninsuffizienz, chronischen Lungenerkrankungen, Lebererkrankungen, Schlaganfall, nach Transplantationen und nach ersten Erkenntnissen auch während einer Schwangerschaft. **De facto sind also weite Teile der Bevölkerung in Deutschland den Risikogruppen zuzuordnen"**.*[78]

Obwohl die Virologen und Mediziner, die dieser Gesellschaft angehören, natürlich genau wissen, dass das Letalitäts-Risiko einer 25-jährigen Diabetikerin durch ihre Erkrankung nur von 0,00004 auf 0,00008 steigt (Kapitel 5, Band 4), ordnet die Gesellschaft für Virologie alle an den genannten Erkrankungen Leidenden den Risikogruppen zu. **Das geschieht allein aus politischen Gründen,** denn je mehr Personen zu den Risikogruppen gehören, desto besser lässt sich die Forderung nach einem Lockdown rechtfertigen, für den die Gesellschaft für Virologie seit Beginn der Pandemie beständig eintritt. Diese Form der *Fake News* ist natürlich besonders gefährlich, weil sie sich unter dem Deckmantel der Wissenschaft verbirgt.

Ich vermute, dass das RKI nur deshalb seine wunderbaren Daten praktisch unanalysiert lässt (es gibt Studiengänge, in denen man mit solchen „Analysen" keine Bachelor-Arbeit abgeben darf), damit keiner merkt, dass all diese chronischen Erkrankungen nur unwesentlich zur Letalität von Covid-19 beitragen, und derselbe Verdacht besteht auch bezüglich der Studie von Karagiannidis et al. Durch die geradezu lächerlich niedrige Analysetiefe ihrer Studie stützen die Autoren der beiden Veröffentlichungen die politischen Entscheidungsträger, die ständig behaupten, dass „die Risikogruppen" so umfangreich seien, dass sie nur durch einen Lockdown geschützt werden könnten. In diesem Zusammenhang ist es von Bedeutung, dass sowohl der Präsident des RKI, Prof. Lothar Wieler, als auch einige Autoren der Karagiannides-Studie Mitte Dezember 2020 einen veröffentlichten Aufruf von 300 Wissenschaftlern nach einem noch schärferen Lockdown unterzeichneten[79] (darunter im Übrigen auch vier der fünf Vorstandsmitglieder der Gesellschaft für Virologie).

<u>Fazit: Es gibt nur einen einzigen, alles überragenden Risikofaktor: das Alter</u>. Wenn zusätzlich noch die anderen, deutlich schwächeren Risikofaktoren wie Vorerkrankungen und männliches Geschlecht beachtet werden, **<u>kann eine Risikogruppe gebildet werden, die weniger als 10 Prozent der Bevölkerung umfasst, auf die aber über 90 Prozent der Todesfälle entfallen</u>.**[80] Wenn das schon in den USA möglich ist, wo die zahlenmäßig sehr umfangreichen Minoritäten der Schwarzen und Hispanics deutlich überproportional gefährdet sind, bereitet die Bildung einer solchen Risikogruppe in Deutschland keine großen Probleme. Die Behauptung der Gesellschaft für Virologie, dass *„weite Teile der Bevölkerung in Deutschland den Risikogruppen zuzuordnen"* seien, entspricht also nicht den Tatsachen. Über 90 Prozent der Bevölkerung könnten ein normales

Leben führen, während die gesamten Ressourcen zur Eindämmung des Virus auf die weniger als 10 Prozent der Risikogruppe konzentriert werden.

Wer das eigene Risiko eines tödlichen Verlaufs einschätzen will, kann sich an den nach dem Alter differenzierten Letalitäten in Tabelle 2 in Band 4 orientieren. Wer an einer oder mehreren der oben aufgeführten chronischen Erkrankungen leidet, muss die angegebenen Letalitäten nur mit den oben genannten Hazard Ratios multiplizieren und erhält so eine ziemlich gute Einschätzung seines persönlichen Risikos (das RKI hat meines Wissens bisher nichts Vergleichbares veröffentlicht, obwohl das seine Aufgabe wäre).

Ich folge in diesem Buch ab jetzt nicht mehr der allgemein üblichen Redewendung von „**den Risikogruppen**", die niemals konkret definiert werden (auch nicht vom RKI), sondern spreche nur noch von „**der Risikogruppe**". Zum einen ist die Formulierung logischer, weil diese Gruppe ja nur durch ein **einziges** Merkmal definiert wird: **das Risiko, an Covid-19 schwer zu erkranken** – alle Personen mit hohem Risiko gehören der „Risikogruppe" an. Es ist offensichtlich **unsinnig**, die Risikogruppen nach dem Vorliegen eines Risikofaktors zu bilden. Dann würden beispielsweise alle Diabetiker zu einer Risikogruppe gehören, obwohl eine 25-jährige Diabetikerin im Falle einer Infektion ein Letalitätsrisiko von **0,004 Prozent** hat, eine 85-jähriger Diabetiker aber ein Letalitätsrisiko von über **20 Prozent**. Besonders deutlich wird die Unsinnigkeit dieses Vorgehens beim Risikofaktor „Geschlecht", denn dann müssten alle Männer eine Risikogruppe bilden. Wenn die Gesellschaft für Virologie und auch das RKI aber dennoch bei der Bildung von Risikogruppen nach Vorerkrankungen vorschlagen, dann tun sie das, um das Gefühl der Bedrohung durch SARS-CoV-2 in der Gesamtbevölkerung zu erhöhen. So manipulieren sie die öffentliche Wahrnehmung der Bedrohung durch das Coronavirus.

Ich definiere „die Risikogruppe" als die knapp 10 Prozent der Bevölkerung, auf die 90 Prozent der Todesfälle entfallen. Zur „**Hochrisikogruppe**" zähle ich alle Personen der Risikogruppe, die nicht in der Lage sind, durch selbstbestimmtes Handeln das Risiko einer Infektion selbst zu beeinflussen, sondern die zu ihrem Schutz völlig auf andere angewiesen sind. Zu dieser Gruppe gehören insbesondere die Bewohner der Pflegeheime, die pflegebedürftigen Bewohner der Altenheime und die Patienten der Krankenhäuser, sofern sie zur Risikogruppe gehören. Obwohl diese Gruppe nur ca. 1,5 Prozent der Bevölkerung ausmacht, entfällt auf sie ungefähr die Hälfte aller Covid-Todesfälle in Deutschland (Kapitel 7, Band 4). **Diese Menschen haben in besonderem Maß einen Anspruch auf den Schutz des Staates.**

6. Infektiosität und Virenlast

Eine ganz entscheidende Bedeutung nicht nur für eine Infektion, sondern auch für die Schwere der Krankheit (im Fall einer Infektion) spielt die **Virenlast**, also die Menge der Viren, die der Infizierende an die empfangende Person weitergibt. Dieser ganz wesentliche Punkt erhält in der öffentlichen Diskussion nicht annähernd die Bedeutung, die er verdient. Bei manchen Viruserkrankungen reicht ein einziges Virus aus, um eine schwere Krankheit hervorzurufen, bei Covid-19 ist das aber nicht so. Bei SARS-CoV-2 gilt: Je höher die Virenlast, die eine Person aufnimmt, desto größer ist das Risiko, sich zu infizieren oder schwer zu erkranken (*„a person infected with a small dose of viral inoculum will on average develop milder diesease than a person infected with a high viral inoculum and vice versa"* [81]). Alles, was die Virenlast beim Ausscheiden des Virus oder bei seiner Aufnahme durch die empfangende Person reduzieren kann, verringert das Risiko, sich zu infizieren und (im Falle einer Infektion) schwer zu erkranken. Das Tragen einer Maske kann möglicherweise nicht verhindern, dass eine Person sich infiziert, aber es ist sehr gut möglich, dass die Maske aus einer potentiell schweren Erkrankung eine leichte macht – und letztlich kommt es bei all den Maßnahmen gegen SARS-CoV-2 vor allem darauf an, dass *schwere* Krankheitsverläufe verhindert werden (auch wenn die Corona-Hysteriker das oft aus den Augen verlieren).

Besonders hoch ist die Virenlast beim Husten, Nießen, lautem Sprechen oder Singen. Beim Sprechen werden ungefähr vier Mal so viele Partikel **ausgeschieden** wie beim Atmen, beim Singen 15- bis 300-mal so viele.[82] Eine besonders hohe Virenlast wird **aufgenommen**, wenn man tief einatmet, wie beim Singen oder beim Sport.

Ein Erkrankter kann andere Menschen infizieren, solange er vermehrungsfähige Viren ausscheidet. Dabei hängt die Menge der ausgeschiedenen Viren mit der Stärke der Symptome zusammen. Zu Beginn der Erkrankung werden viele und bei nachlassender Symptomatik immer weniger Viren ausgeschieden. Daher gibt es einen starken Zusammenhang zwischen der Stärke einer Erkrankung und der **Wahrscheinlichkeit**, eine andere Person zu infizieren: Je schwerer die Krankheit ist, desto größer die Ansteckungsfähigkeit. Eine chinesische Studie fand heraus, dass asymptomatische Infizierte (also Personen ohne jede Krankheitssymptome) nur 0,3% ihrer engen Kontaktpersonen ansteckten und Erkrankte mit einem leichten Verlauf 3,3%, während Erkrankte mit einem moderaten Verlauf 5,6% und schwer Erkrankte 6,2% ihrer engen Kontaktpersonen infizierten.[83] **Aus der sehr niedrigen Ansteckungsrate der asymptomatisch Infizierten folgt, dass diese nur sehr schwer zu entdeckenden Personen für das Infektionsgeschehen praktisch keine Rolle spielen** – eine sehr wichtige Erkenntnis der Wissenschaft. Leicht Erkrankte sind aber immerhin halb so ansteckend wie schwer Erkrankte, auch solche Personen sollten daher, wenn sie sich schon nicht in Isolation begeben (was sie während der zweiten Welle wohl deutlich seltener taten als zu Beginn der Epidemie), in sozialen Situationen unbedingt eine Maske tragen.

Die sehr wichtige Erkenntnis, dass von asymptomatischen (nicht: präsymptomatischen!) Infizierten praktisch kein Ansteckungsrisiko ausgeht, wird auch durch eine **große Metastudie** bestätigt, die 54 Studien mit insgesamt fast 80.000 Teilnehmern begutachtete: Nur **0,7 Prozent** der mit asymptomatischen Infizierten im selben Haushalt Lebenden wurde infiziert, während diese Rate bei symptomatischen Erkrankten **18,0** Prozent betrug.[84]

Eine Ausnahme von dieser Regel, dass die Infektiosität mit der Stärke der Symptome zusammenhängt, sind leider die beiden Tage vor Symptombeginn, denn in diesen Tagen ist die Ansteckungsgefahr sogar am größten.[85] Es wird geschätzt, dass knapp die Hälfte aller Infektionen von Erkrankten ausgehen, noch bevor sie Symptome entwickeln (a.a.O.). Das ist im Grunde das größte Problem in der Epidemie – SARS-CoV-2 konnte sich nur deshalb so schnell verbreiten, weil die von dem Virus infizierten Personen das Virus bereits weitergeben, bevor sie erfahren, dass sie infiziert sind.

Die Virenlast, die im Freien aufgenommen werden kann, ist grundsätzlich zu klein, um zu einer Erkrankung zu führen, wie man aus zahlreichen wissenschaftlichen Studien weiß (Kapitel 8). Das bestätigte auch Walter Popp, der Vizepräsident der Deutschen Gesellschaft für Krankenhaushygiene: *„Wenn Sie an jemandem vorbeigehen, fangen Sie sich kein*

Coronavirus ein".[86] Beim Gang durch die Stadt sei das Tragen einer Maske nicht sinnvoll. Die einzige Ausnahme von der Regel, dass im Freien Infektionen nicht möglich sind, ist das Führen eines Gesprächs ohne Mindestabstand, was in sehr selten Fällen eine Infektion zur Folge haben kann.

Neueste Forschungsergebnisse weisen darauf hin, dass es auch einen Zusammenhang gibt zwischen dem Schweregrad der Erkrankung des Infizierenden und dem **Schweregrad** der Erkrankung der von ihm infizierten Person: Wenn man sich bei einer schwer erkrankten Person infiziert, ist die Gefahr, selbst auch schwer zu erkranken, sehr viel größer, als wenn man sich bei einer nur leicht erkrankten Person infiziert. Sollten sich diese Forschungsergebnisse bestätigen, könnte diese Information ein wichtiges Modul in der Virusbekämpfung darstellen, denn durch die Infektion bei einer nur leicht erkrankten Person könnte man das Risiko einer schweren Erkrankung ausschließen (für die Risikogruppe gilt das aber wahrscheinlich nicht).

Die Virenlast scheint auch einen Einfluss auf die *Inkubationszeit* zu haben nach der Regel, dass eine hohe Virenlast zu einer kurzen Inkubationszeit führt (*„viral load determines the incubation period with the formula high load -> short incubation period -> high severity"* [87]). Das ist ein weiterer Grund, die Quarantäne von Kontaktpersonen zu verkürzen, da die Patienten mit einer besonders langen Inkubationszeit nur eine sehr kleine Virenlast haben und folglich auch nur leichte Erkrankungen auslösen können.

Nach Beginn der Symptome geht die Ansteckungsfähigkeit stetig zurück, das RKI geht davon aus, dass Patienten 10 Tage nach Symptombeginn nicht mehr ansteckend sind. Eine Isolation über diese 10 Tage hinaus ist daher eigentlich nicht zu rechtfertigen. Für schwer Erkrankte, die länger ansteckend sein können, gilt dies zwar nicht, aber diese Patienten werden ja meist in Krankenhäusern oder Pflegeheimen behandelt.

7. PCR-Tests, Antigen-Tests und Antikörper-Tests

Es gibt drei verschiedene Möglichkeiten, um eine Infektion mit SARS-CoV-2 nachzuweisen: a) **den PCR-Test** (PCR steht für *polymerase chain reaction* – Polymerase-Kettenreaktion), b) den **Antigen-Test** und c) den **Antikörpertest**.

a) PCR-Tests

*„Ich habe am 12. März [in der Ministerpräsidentenkonferenz] gefragt: Wie sicher sind die Tests, die wir haben? Und darauf ist mir geantwortet worden: **70 Prozent Trefferquote, 30 Prozent Nicht-Trefferquote**"* (der thüringische Ministerpräsident Bodo Ramelow bei Markus Lanz).[88]

Am 16. Januar 2020 verkündete die Charité in Berlin, unter der Leitung von Prof. Drosten den ersten diagnostischen Test für SARS-CoV-2 entwickelt zu haben, dessen *„assay protocol"* umgehend von der WHO als diagnostisches Standardverfahren veröffentlicht wurde.[89] Die ausführliche Veröffentlichung dieses Testverfahrens erfolgte bereits am 23. Januar in dem Journal „Eurosurveillance", bei dem Prof. Drosten zu den Herausgebern zählt.[90, 91] Diese Publikation hat inzwischen heftige Kritik von Fachkollegen erfahren, die ihr zahlreiche wissenschaftliche Fehler unterstellen und den Autoren ethische Verfehlungen, und es wurde sogar die Rücknahme der Veröffentlichung gefordert.[92] Auf diese Kritik antwortete das Journal im Februar 2021[93] – ich würde diese Antwort als „Freispruch zweiter Klasse" einordnen. Die Herausgeber widerlegen keinen einzigen der zahlreichen Kritikpunkte, sondern weisen stattdessen darauf hin, dass die Veröffentlichung unter großem Zeitdruck und geringem Kenntnisstand stattgefunden habe (Prof. Drosten standen offensichtlich noch nicht einmal lebendige SARS-CoV-2-Viren zur Verfügung), inzwischen sei der Test aber verbessert worden. Sie kommen zu dem

Schluss, dass „die Kriterien für die Rücknahme des Artikels nicht erfüllt"
seien (a.a.O.; am Ende des Artikels). Ein leidenschaftliches Bekenntnis
zur wissenschaftlichen Fundiertheit einer Veröffentlichung sieht anders
aus.

Die WHO hat jedoch relativ kurz nach der Veröffentlichung der Kritik reagiert und empfahl den Laboren, bestimmte Fehler bei der Testdurch-
führung zu vermeiden, die zu falschen Testergebnissen führen könnten[94] – fast ein Jahr nach der Einführung des Tests und nach über 80
Millionen positiven Testergebnissen.

Seit Beginn der Epidemie werden in Deutschland akute Infektionen mit
diesem PCR-Test nachgewiesen, der den Ruhm von Prof. Drosten be-
gründete. Hierzu wird im Rachen des Probanden ein Abstrich genommen, in dem sich im Falle einer Infektion SARS-CoV-2-Viren oder zumindest Bruchstücke des genetischen Materials (der RNA) des Virus befinden[95] – das ist zumindest die Hoffnung. In einem relativ material- und
zeitaufwendigen Verfahren, das ungefähr 5 Stunden dauert und in einem Labor durchgeführt werden muss, werden diese RNA-Spuren des
Virus in zahlreichen Zyklen vervielfältigt (jeder Zyklus verdoppelt sie). Ist
auch noch nach 40 Zyklen keine RNA von SARS-CoV-2 nachweisbar, ist
das Test-Ergebnis negativ – die getestete Person gilt als nicht infiziert.
Je weniger Zyklen zum Nachweis des Virus benötigt werden, desto höher ist die Virenlast des Probanden, und desto höher ist daher auch
seine Ansteckungsfähigkeit. Da das Virus nicht mehr vermehrungsfähig
sein muss, um durch diese Prozedur nachgewiesen zu werden, **sagt der
PCR-Test nichts über die Infektiosität des Probanden aus** – auch wenn
er positiv ist.

**Leider liefert ein PCR-Test oft erst dann ein positives Testergebnis,
wenn der Patient bereits seit mehreren Tagen infektiös ist**. Eine Modellierungsstudie, die die Daten von sieben Studien mit PCR-Testergebnissen von insgesamt 1.330 infizierten Patienten analysierte, kam zu
dem Ergebnis, dass noch am Tag des Symptombeginns nur 62 % der Infektionen erkannt werden, in den Tagen davor weniger als die Hälfte.[96]
Das stimmt mit den Informationen überein, die das RKI den Ministerprä-
sidenten gab (s. das Zitat von Bodo Ramelow am Beginn dieses Kapitels).

Ein anschauliches Beispiel für diese Unvollkommenheit des PCR-Tests lieferte die erste positive SARS-CoV-2-Probe der zweiten Welle aus der Überwachung akuter Atemwegserkrankungen im Rahmen des **Grippe-Web**, bei dem die Teilnehmer bei sich selbst jede Woche zwei Abstriche nehmen müssen – einen aus dem Rachen und einen aus der Nase. Als man in der 43. Kalenderwoche (!) endlich das erste positive SARS-CoV-2-Testergebnis hatte, gab es dies peinlicherweise nur für die Nasen-Probe, nicht aber für die Rachen-Probe des Patienten: *„In der 43. KW 2020 wurde zum ersten Mal im Rahmen der GrippeWeb-Plus-Überwachung SARS-CoV-2 nachgewiesen. In diesem Fall wurde das Virus in der Probe aus der vorderen Nase, nicht aber aus der Probe vom Gaumen identifiziert".*[97] PCR-Test-Abstriche werden aber normalerweise aus dem Rachen entnommen, **ein PCR-Test hätte diese Infektion unter den üblichen Bedingungen also gar nicht entdeckt.** So viel zu dem Mythos, dass der PCR-Test „hundertprozentige Sicherheit" bietet. Erstaunlicherweise hört man in den Medien über dieses Versagen des PCR-Tests beim Aufspüren von infektiösen Patienten praktisch nichts.

Die höchste Sensitivität haben PCR-Tests einige Tage nach Symptombeginn. Das Bundesgesundheitsministerium empfiehlt daher seit Beginn der Herbst- und Wintersaison 2020/2021, grundsätzlich keine Personen ohne Krankheitszeichen zu testen[98] (der PCR-Test kann also keinen Beitrag zum Aufspüren von präsymptomatischen Patienten liefern). Da fast die Hälfte aller Infektionen von präsymptomatischen (nicht: asymptomatischen!) Patienten weitergegeben werden, ist das ein klarer Nachteil des PCR-Tests. Das hat auch Folgen für die klinische Praxis: Die Leitlinien für die stationäre Behandlung für Covid-19-Patienten (die von verschiedenen Ärzteverbänden gemeinsam herausgegeben werden) empfehlen, bei negativem PCR-Test eine zweite Probe zu untersuchen, wenn „dringender klinischer Verdacht" auf eine Covid-19-Erkrankung besteht.[99] Die hohe Zahl an falsch-negativen PCR-Testergebnissen zu dem Zeitpunkt, zu dem die Patienten am ansteckendsten sind, erklärt möglicherweise die zahlreichen Infektionen in den Krankenhäusern, die seit Anfang November 2020 zu beobachten waren (Band 7) – die Infektionen werden einfach zu spät erkannt. In dem Setting „Krankenhaus" kann das eine Katastrophe bedeuten, ebenso in den Pflege- und Altenheimen.

Ein zentraler Nachteil des PCR-Tests besteht also darin, dass er Infektionen zu spät erkennt. Andererseits ist **das Virus mit dem PCR-Test manchmal schon in der zweiten Woche der Infektion nicht mehr nachweisbar,** weil das Virus im Rachen, wo der Abstrich genommen wird, nicht mehr vorhanden ist, wie Prof. Drosten in einem seiner Podcasts selbst einräumte:[100]

> *„Und dann, in der zweiten Woche, sind die [Abstriche im Rachen] nicht mehr ganz zuverlässig positiv. Dann hat der Patient immer noch Symptome, aber im Hals kann es dann sein, dass der Test das schon nicht mehr nachweisen kann. Das liegt nicht daran, dass der Test nicht gut wäre, sondern das liegt einfach daran, dass das Virus dann im Hals nicht mehr vorhanden ist, wohl aber in der Lunge. Wir wissen inzwischen, dass selbst bei den Patienten, die ganz milde Verläufe haben, also die fast nichts von ihrer Krankheit merken, dennoch in der Lunge ziemlich viel Virus ist. Und das bleibt da so ungefähr für zwei Wochen, oder auch drei Wochen, bei den unkomplizierten Fällen vorhanden. Und so lange können wir dann aus der Lunge schon mit dieser Polymerase-Kettenreaktion das Virus sicher nachweisen. Allerdings: Viele Patienten können nicht so eine Probe aus der Lunge einfach so hochhusten, sodass die Rachenabstriche eigentlich die häufigste Probe sind. Was man machen kann, das ist aber noch nicht so gut systematisch etabliert, ist, eine Stuhlprobe zu nehmen. Auch da ist das Virus nachweisbar und auch ziemlich lange eigentlich, so lange, oder fast so lange, wie in der Lunge"* [die Stuhlprobe hat sich jedoch nicht durchgesetzt; Anm. von mir].

Das Zeitfenster, in dem der PCR-Test eine Infektion sicher erkennt, ist also erschreckend kurz – in den Medien wird ein ganz anderes Bild vom PCR-Test gezeichnet.

Wird ein PCR-Test beim Ausklingen der Erkrankung gemacht, zeigt sich jedoch ein noch größeres Problem des Tests: **Für ein positives Ergebnis reichen dem Test nur wenige Bruchstücke des Virus, die außerdem gar nicht mehr vermehrungsfähig sein müssen** (das Vorhandensein vermehrungsfähiger Viren bedeutet, dass der Patient noch ansteckend ist). Während der PCR-Test oft noch bis zu drei Wochen nach

Symptombeginn positiv ist, endet die Ansteckungsfähigkeit normalerweise spätestens nach zehn Tagen. Das bedeutet, dass Personen, die relativ spät im Verlauf ihrer Krankheit getestet werden, große Chancen haben, dass sie gar nicht mehr infektiös sind, aber trotzdem aufgrund eines positiven Testergebnisses in Isolation müssen. Dem Großteil der Urlaubsheimkehrer aus den Risikogebieten ist es so ergangen, das belegen die Infektionszahlen des RKI: Trotz des erheblichen Umfangs der „Infektionsimporte" (in den Kalenderwochen 32 bis 36 waren das 30 bis 50 Prozent aller Infizierten[101]) blieb der R-Wert nahe 1. Die infektiöse Phase ihrer Erkrankung müssen diese Urlaubsheimkehrer daher größtenteils außerhalb Deutschlands verbracht haben.

Dieser erhebliche Nachteil des PCR-Tests, auch dann noch ein positives Ergebnis anzuzeigen, wenn der Patient gar nicht mehr infektiös ist, ist erstaunlicherweise gar nicht die Folge einer Eigenschaft des Tests, sondern folgt nur aus den während der Epidemie in Deutschland geltenden **Vorgaben für seine Durchführung**. Das Problem liegt in der Vorgabe des Schwellenwerts (*cycle threshold*, abgekürzt „CT") der 40 Zyklen, die im Labor durchgeführt werden müssen, bevor ein Test als negativ gilt. Da in jedem Zyklus Viren-Bruchstücke vervielfältigt werden, erhält man nach 40 Zyklen natürlich sehr viel mehr Viren-Genmaterial als nach nur 30 Zyklen (ganz genau 1.024-mal so viel). **Mit 40 Zyklen schießt der Test über die Feststellung der Infektiosität eines Patienten weit hinaus, er kann dann auch noch sehr geringe Viren-Reste nachweisen, von denen längst keine Gefahr mehr ausgeht.**

Warum aber werden dann für den PCR-Test 40 Zyklen vorgeben? Die New York Times hat verschieden Virologen zu diesem Thema befragt.[102] Sie sind übereinstimmend der Meinung, dass 40 Zyklen eine viel zu hohe Schwelle darstellen, eine bessere Schwelle wären 35 oder sogar nur 30 Zyklen. Diese Einschätzung der amerikanischen Wissenschaftler teilt auch Prof. Löffler, die Leiterin des Instituts für Medizinische Mikrobiologie am Universitätsklinikum Jena: *„Bei CT-Werten über 30, insbesondere über 35, beurteilen wir [Detektions-]Kurven äußerst kritisch".*[103] Dies würde bedeuten, dass der Test erst dann als positiv gilt, wenn die Probe 100- bis 1000-mal so viele Viren-Material enthält, wie es bei einem Schwellenwert von 40 erforderlich wäre.

Die Times ließ Wissenschaftler ihre Testdaten unter diesem Gesichts-punkt noch einmal reanalysieren. Ergebnis: Bei einem Schwellenwert von 35 Zyklen hätten 43 Prozent der vorher noch positiven Tests nicht mehr als positiv gegolten, und bei einem Schwellenwert von 30 Zyklen wäre diese Zahl auf 63 Prozent gestiegen. Im amerikanischen Bundes-staat Massachusetts hätten sogar 85 Prozent der Personen, die im Juli 2020 bei einem Schwellenwert von 40 positiv getestet wurden, nach ei-ner Herabsetzung dieses Werts auf 30 ein *negatives* Testergebnis erhal-ten. Die Times zitiert einen Wissenschaftler mit den Worten: *„Bei keiner dieser Personen sollte man eine Kontaktnachverfolgung machen – bei keiner einzigen!"* (a.a.O., S.3).

Da die Wissenschaft aus unerfindlichen Gründen kaum Interesse an die-sem Thema hat, war es die New York Times, die drei Datensätze, die von den Behörden in den Bundesstaaten Massachusetts, New York und Ne-vada gesammelt worden waren und die Informationen über die benö-tigte Zahl an Zyklen zur Detektierung des Virus enthielten, noch einmal überprüfen ließ. Ergebnis: Bis zu 90 Prozent der Personen, die ein posi-tives Testergebnis erhielten, trugen praktisch keine Viren in sich (*„up to 90 percent of people testing positive carried barely any virus, a review by The Times found"*; a.a.O., S.2). **Die Times zieht daraus die Schlussfol-gerung, dass nicht mehr als 10 Prozent der Personen mit positivem Testergebnis aufgefordert werden sollten, sich zu isolieren.**

Diese Forderung, dass ein PCR-Test, der nach 30 Zyklen SARS-CoV-2 noch immer nicht nachweisen kann, als negativ gewertet werden sollte, wird auch durch Erkenntnisse des RKI gestützt. Das RKI berichtet von (noch nicht veröffentlichten) Ergebnissen der eigenen Diagnostik, die nahelegen, dass ab einer benötigten Zyklenzahl über 30 das Anzüchten von Viren nicht mehr gelingt – was bedeutet, dass das Virus nicht mehr ansteckungsfähig ist.[104]

90 Prozent der positiv Getesteten werden also möglicherweise seit März 2020 umsonst isoliert – was sagen die Gerichte zu diesen Er-kenntnissen? Oder umgekehrt gefragt: Mit welchen „Fakten" haben die Gesundheitsämter die Notwendigkeit und Verhältnismäßigkeit der bis-herigen Isolierungs-Regelungen und Schwellenwerte für den PCR-Test vor Gericht nachgewiesen? Erstaunlicherweise wurde ein solcher

Nachweis von den Gerichten nie gefordert – **spielen in der Coronakrise bei den Verwaltungsgerichten Fakten überhaupt *irgendeine* Rolle?**

Der Artikel der New York Times wirft aber noch weitere Fragen auf: Warum wird die Test-Diagnostik auf das Ergebnis „positiv" bzw. „negativ" beschränkt, obwohl doch die Information der Zahl der benötigten Zyklen – und damit die Virenlast des Probanden – bekannt ist? Warum verzichten die Labore auf die Mitteilung dieser extrem wichtigen Information an die Ärzte, die einen Rückschluss zulässt über die Infektiosität des Probanden? Auch die Delegierten des Bayerischen Ärztetags haben am 10.10.2020 die Bayerische Staatsregierung aufgefordert darauf hinzuwirken, dass die PCR-Test-Ergebnisse Aussagekraft zur Infektiosität des Patienten erhalten.[105] Warum wird diese Information nicht für Forschungszwecke genutzt, beispielsweise um herauszufinden, ob Erkrankte mit schwerem Krankheitsverlauf und hoher Virenlast Folgeinfektionen verursachen, die dann ebenfalls zu einem schweren Krankheitsverlauf führen? Die Times findet auf diese Fragen keine Antwort – in Deutschland werden sie aber noch nicht einmal gestellt.

Ein weiterer gigantischer Nachteil der PCR-Tests ist ihre vergleichsweise **geringe Kapazität** von maximal 1,7 Millionen Tests pro Woche – das entspricht nur 2 Prozent der deutschen Bevölkerung. Deshalb musste die Nationale Teststrategie[106] im Oktober 2020 geändert werden, als die Infektionszahlen stiegen: Seitdem wurde der Kreis der Personen, die mit einem PCR-Test getestet werden dürfen, fast ausschließlich auf symptomatische Patienten beschränkt. Da aber schon Ende Oktober 2020 vier Prozent der Bevölkerung an Atemwegserkrankungen litten (ARE),[107] können im Winter noch nicht einmal alle symptomatischen Patienten getestet werden, selbst wenn von vorsorglichen Reihentestungen z.B. in Pflegeheimen oder Krankenhäusern vollständig abgesehen wird. Das erkannte am 14. Oktober 2020 (aber auch nicht eher!) sogar das RKI:

> ***„Das RKI erreichen in den letzten Wochen zunehmend Berichte von Laboren, die sich stark an den Grenzen ihrer Auslastung befinden.*** *Dies hat zur Folge, dass Abstrichproben, die nicht zeitnah bearbeitet werden können, aus überlasteten Laboren*

*weiterverschickt werden müssen, was zu **verlängerten Bearbei-
tungszeiten und Verzögerungen bei der Ergebnisübermittlung
an die Gesundheitsämter** führen kann... Es ist damit zu rechnen,
dass es in den kommenden Herbst- und Wintermonaten [in den
Laboren] auch zu krankheitsbedingten Personalausfällen kommen
wird. Auch die Durchführung von Diagnostik jenseits von SARS-
CoV-2 muss in Deutschland flächendeckend gewährleistet bleiben. Der zusätzliche Testbedarf durch Urlauber nach Einführung
des Beherbergungsverbots mit der Option zur „Freitestung" durch
Vorlage eines negativen Testergebnisses hat die Situation weiter
verschärft und es kam regional zu einem zusätzlich stark erhöhten
Probeaufkommen. **Unter anderem hierdurch können sich die Labore derzeit nicht für den Herbst und Winter mit Reagenzien be-
vorraten, um eventuelle zukünftige und schon bestehende Lie-
ferengpässe überbrücken zu können.** Des Weiteren können für
die Wintermonate wöchentlich bis zu 2,5-3 Millionen Personen
mit Symptomatik einer akuten respiratorischen Erkrankung (ARE)
erwartet werden... In KW 41 wurden am RKI bereits 1,2 Millionen
Arztbesuche aufgrund einer ARE-Symptomatik erfasst. Dem stehen die SARS-CoV-2 Testkapazitäten von derzeit maximal
1.712.246 Testen wöchentlich gegenüber. **Daher ist es, auch um
die Verbreitung von anderen respiratorischen Erkrankungen zu
vermeiden, die die Testkapazitäten zusätzlich belasten, dringend geboten, dass sich die gesamte Bevölkerung weiterhin für
den Infektionsschutz engagiert.** Es erscheint deshalb ebenfalls
dringend geboten, den Einsatz der Teste **im Hinblick auf den angestrebten Erkenntnisgewinn** in Abhängigkeit freier Testkapazitäten zu priorisieren.* [108]

Wir sollten also in den Lockdown, damit die Testkapazitäten der Labore
nicht überlastet wurden, sagte das RKI, und die Tests sollten bezüglich
des „angestrebten Erkenntnisgewinns priorisiert" werden – was ja wohl
heißen sollte, dass es in Pflegeheimen keine Screenings mehr geben
würde, weder für die Bewohner noch für das Personal.

**<u>Die PCR-Tests können im Herbst und Winter nicht den Anspruch erfül-
len, das Infektionsgeschehen auch nur annähernd zu erfassen –</u>**

obwohl das vom RKI vorgegaukelt wird, denn die vom RKI täglich berichteten Fallzahlen werden ja niemals um den vermuteten Dunkelziffer-Faktor nach oben korrigiert (der in der ersten Welle bei ca. 5 lag, die Zahl aller Infektionen lag also 5-mal so hoch wie die Zahl der bestätigten Fälle, s. Kapitel 15). In Wahrheit infizierten sich ab Anfang Oktober 2020 natürlich sehr viel mehr Menschen mit Covid-19 als vom RKI angegeben, was man aber nicht sicher weiß, eben weil viel zu wenig getestet werden konnte. Im Frühling 2020 verkündete Prof. Drosten noch ganz stolz, dass Deutschland so viel besser dastand als die meisten Nachbarn, weil in Deutschland schon sehr früh und sehr viel getestet wurde,[109] und seine Kollegin Prof. Ciesek stimmte ihm in diesem Punkt zu.[110] Im Herbst jedoch hörte man von ihm jedoch nicht, dass es ein schwerer Fehler war, nicht viel mehr Antigen-Tests einzusetzen, wie das unsere Nachbarn längst taten, um die PCR-Test-Kapazität zu ergänzen. Warum die Diagnostik für Prof. Drosten und Prof. Ciesek (und das RKI) im Herbst 2020 als Instrument zur Eindämmung von SARS-CoV-2 so stark an Bedeutung verloren hatte, ist für mich nicht nachvollziehbar.

Wie schnell die PCR-Test-Kapazitäten an ihre Grenze kommen, kann man daran erkennen, dass die Tests, die im Sommer 2020 für Reiseheimkehrer verwendet wurden, **noch im Oktober** zu Materialengpässen führten: *„Wir haben im Sommer 100.000 Tests für Reiserückkehrer verballert, deshalb fehlt uns jetzt das Material. Mal sind es Abstrichtupfer, mal Reagenzien, dann wieder Verbrauchsmaterialien, jetzt gerade Pipettenspitzen, die fehlen. Das macht die Arbeit in den Laboren unnötig schwer. Hier muss dringend Abhilfe durch verlässliche Lieferungen geschaffen werden"* forderte der Vorsitzende der Akkreditierten Labore in der Medizin (ALM), Michael Müller, Ende Oktober 2020.[111]

Ein weiterer großer Nachteil der PCR-Test besteht in der durchschnittlich **sehr langen Zeitspanne, die vom Auftreten der ersten Symptome bis zum Erhalt eines positiven Testergebnisses vergeht.** Im Durchschnitt waren das laut RKI während der **ersten Welle** bereits 5,6 Tage,[112] durch die deutlich höheren Infektionszahlen und die dadurch überlasteten Testzentren und Gesundheitsämter dürfte diese Zeitspanne in der **zweiten Welle** deutlich gestiegen sein. **Das bedeutet, dass fast alle Probanden ihr Testergebnis erst dann erhalten, wenn sie nicht mehr**

infektiös sind. Der PCR-Test kann also nicht dazu beitragen, durch eine frühzeitige Diagnose den Probanden noch während seiner infektiösen Phase zu besonders vorsichtigem Verhalten zu motivieren. **Und falls das Testergebnis negativ ausfällt, war der Proband ungefähr eine Woche länger umsonst in Isolation, als dies bei Durchführung eines Antigen-Tests der Fall gewesen wäre. Eine ganze Woche!**

Der PCR-Test hat einen Vorteil, auf den die Medien immer wieder hinweisen: Wenn er gewissenhaft durchgeführt wird, ist er **fast perfekt zuverlässig.** Damit ist gemeint, dass der Test Viren, die sich im Abstricht befinden, in fast 100 Prozent der Fälle auch erkennt. Was nutzt das aber, wenn sich auch bei infektiösen Patienten noch gar keine Viren im Rachen befinden, und folglich auch nicht im Abstrich?

Auch die gewissenhafte Durchführung des Tests ist keineswegs garantiert. Es gibt vor allem zwei Fehlerquellen:

a) **Der Rachenabstrich wird nicht korrekt entnommen.** Mir ist eine Person bekannt, die für eine der Firmen zu arbeiten begann, die in den Testzentren die PCR-Tests durchführt. Nach ihrer eigenen Behauptung wurde dieser Person am ersten Arbeitstag nicht gezeigt, wie der Rachenabstrich korrekt durchgeführt wird – sie wurde einfach sich selbst überlassen. Da sich das Virus meist relativ tief im Rachen befindet, führt eine zu zaghafte Entnahme des Abstrichs auch bei infizierten Patienten zu einem (falsch-) negativen Testergebnis. Ein nicht sachgemäß durchgeführter Rachenabstrich verringert also die **Sensitivität** des Tests.

b) Der PCR-Test ist in der Lage, mit hundertprozentiger Sicherheit SARS-CoV-2 von anderen Coronaviren zu unterscheiden – dazu müssen allerdings *mehrere* Gensequenzen untersucht werden. Auf Nachfrage des Bayerischen Rundfunks bei einer der Firmen, die die Tests in Bayern durchführt, wurde jedoch mitgeteilt, dass nur *eine* Gensequenz analysiert würde. In der **praktischen Durchführung** des Tests ist es also durchaus möglich, dass es ein positives Testergebnis gibt, weil der Test auf ein anderes Virus reagiert hat. Dieser Fehler in der Durchführung senkt die

Spezifität des PCR-Tests, und er führt manchmal zu falsch-positiven Resultaten, die es laut Prof. Drosten gar nicht gibt:[113] Im November wurde beispielsweise berichtet, dass 58 von 60 positiven Testergebnissen im Isar-Amper-Klinikum in Taufkirchen falsch waren.[114] Das kam aber nur heraus, weil die Klinik sich die hohe Zahl an positiven Testergebnissen nicht erklären konnte und alle Patienten ein zweites Mal testen ließ. Dasselbe passierte auf einem Kreuzfahrtschiff: 12 der 150 getesteten Besatzungsmitglieder hatten ein positives Testergebnis, doch bei allen handelte es sich um eine Fehldiagnose.[115] Auch hier kam der Fehler nur heraus, weil der Auftraggeber aufgrund des Testergebnisses erhebliche finanzielle Einbußen zu befürchten hatte und deshalb auf eigene Kosten einen zweiten Test durchführen ließ – in 99,9 Prozent der Fälle wird natürlich *kein* zweiter Test durchgeführt. Es ist daher unbekannt, wie hoch die Dunkelziffer der falsch-positiven Testergebnisse des PCR-Tests ist, wenn er unter *realen* Laborbedingungen durchgeführt wird. Unbeachtet bei der Bewertung des PCR-Tests bleibt meist, dass ein Labor nicht nur bei einigen wenigen Testproben zu einem falsch-positiven Ergebnis kommt, sondern gleich bei einem relativ hohen Prozentsatz der eingeschickten Proben. Dieses Zuverlässigkeitsproblem gibt es beim Antigen-Test nicht.

Fazit: **Der PCR-Test, der vielgerühmte „Goldstandard" der SARS-CoV-2-Diagnostik,[116] weist erstaunlich viele schwerwiegende Defizite auf:** Die wöchentliche Testkapazität ist so niedrig, dass das Infektionsgeschehen im Herbst und Winter unmöglich auch nur annähernd erfasst werden kann. Dann stimmt das Zeitfenster, in dem der Test ein positives Testergebnis anzeigt, nicht mit der Infektiosität der Patienten überein: Einerseits ist der Test während der ersten (und wichtigsten) Tage der Infektiosität vor Symptombeginn oft noch negativ, andererseits kommt er noch lange nach Ende der Ansteckungsfähigkeit des Probanden zu einem positiven Ergebnis. Da er präsymptomatische Infizierte meist nicht erkennt, auch wenn sie bereits infektiös sind, eignet sich PCR-Test auch nicht für vorsorgliche Testungen beispielsweise in einem Pflegeheim, wenn es dort zu einem Ausbruch gekommen ist. Andererseits erhalten

Probanden nach Symptombeginn auch mit einer extrem niedrigen Virenlast ein positives Resultat, obwohl sie zu keinem Zeitpunkt ansteckend waren – möglicherweise sind 90 Prozent der Probanden, die aufgrund eines positiven Testergebnis aufgefordert werden, sich zu isolieren, zu diesem Zeitpunkt nicht (mehr) ansteckend. Sehr nachteilig ist auch die teilweise extrem lange Zeitspanne, die vergeht, bis ein Patient sein positives Testergebnis erhält, weil er sich erst isoliert, wenn seine infektiöse Phase bereits vorbei ist, und auch eine Kontaktnachverfolgung ist dann sehr viel weniger effektiv. Zu Recht hat die Testung mit dem PCR-Test in der Bevölkerung seit April 2020 deutlich an Akzeptanz verloren.

Die derzeitige Verwendung der PCR-Tests führt dazu, dass die meisten der infektiösen Personen von den Gesundheitsämtern *nicht* aufgefordert werden, sich zu isolieren bzw. zu quarantänisieren (weil sie nämlich keinen PCR-Test gemacht haben), während die Mehrheit der Personen, die zur Selbstisolierung aufgefordert werden, nicht (mehr) ansteckend sind, und folglich auch für ihre Kontaktpersonen nur eine sehr geringe Wahrscheinlichkeit einer Infektion besteht – dennoch müssen sie sich in Isolation begeben. <u>Der PCR-Test ist aus zahlreichen Gründen nicht annähernd in der Lage, die Anforderungen zu erfüllen, die die Gesellschaft in der SARS-CoV-2-Epidemie an ihn stellt.</u>

b) Antigen-Tests

Antigen-Tests weisen nicht das Erbgut von SARS-CoV-2 nach, sondern spezifische Eiweißmoleküle des Virus, sie funktionieren nach einem ähnlichen Prinzip wie Schwangerschaftstests. Wie bei den PCR-Tests wird auch bei den Antigen-Tests normalerweise ein Rachenabstrich genommen, ein Abstrich in der Nase ist aber auch möglich. Ein Tropfen des entnommenen Sekrets wird direkt auf den stäbchenförmigen Schnelltest geträufelt, und nach spätestens 30 Minuten steht das Ergebnis fest. Der größte Vorteil des Antigen-Tests im Vergleich zum PCR-Test liegt daher auf der Hand: **Man weiß sofort, ob man infiziert ist oder nicht**. Der Rachenabstrich musste zwar in Deutschland bis Februar 2021 von geschultem Personal entnommen werden, das konnte aber auch das medizinische Personal jedem Pflege- oder Altersheim sein („Point-of Care"). Im Februar 2021 wurden dann endlich die ersten Selbsttests zugelassen – fast ein Jahr Verzögerung gegenüber Südkorea, und ein halbes Jahr Verzögerung im Vergleich zu vielen europäischen Staaten.

Der zweite große Vorteil des Antigen-Tests im Vergleich zum PCR-Test liegt also darin, dass er sehr praktisch **überall** gemacht werden kann, wo es medizinisches Personal gibt – die Tests sind also viel leichter verfügbar als der PCR-Test. Der dritte große Vorteil liegt in den **deutlich geringeren Kosten**: Während ein PCR-Test ca. 65 Euro kostet, liegen die Kosten für den Antigen-Test bei ungefähr 22 Euro, der Preis für Selbstzahler bei 39 Euro.[117] In Tschechien erhält man Antigen-Tests von deutschen Herstellern (!) seit dem Sommer 2020 für 250 Kronen (ca. 10 Euro) im Internet oder in der Apotheke, so geht es also auch. Doch selbst das ist noch zu teuer: Nach einer Umfrage der WELT kosten dieselben Nachweisverfahren in der Molekularbiologie zwischen einem und vier Euro pro Stück.[118]

Das sind beeindruckende Vorteile des Antigen-Tests im Vergleich zum PCR-Tests. Der einzige Nachteil liegt in der angeblich geringeren Zuverlässigkeit der Antigen-Tests bei den beiden Gütekriterien der Sensitivität und Spezifität. Wie schneiden die Antigen-Tests bei diesen beiden Kriterien ab? Zusammen mit dem RKI hat das Paul-Ehrlich-Institut Mindestkriterien entwickelt, die ein Antigen-Test erfüllen muss, um in

Deutschland zugelassen zu werden:[119] Der Test muss eine Spezifität von mindestens 97,0 Prozent haben (höchstens 3 Prozent der positiven Ergebnisse dürfen falsch sein) und eine Sensitivität von mindestens 70 Prozent (höchstens 30 Prozent der negativen Testergebnisse dürfen falsch sein).

Das Bundesinstitut für Arzneimittel und Medizinprodukte hat eine Liste aller zugelassenen Tests erstellt.[120] Am 26. November 2020 enthielt diese Liste bereits 237 Tests, die diese Mindestanforderungen fast alle weit übertreffen: Die meisten erreichen eine **Spezifität** über 99,0 Prozent, viele sogar von **100 Prozent** (bei diesen Tests kann man sich also bei einem positiven Testergebnis zu 100 Prozent darauf verlassen, dass man wirklich infiziert ist). Auch bei der **Sensitivität** werden beeindruckende Werte erreicht: Bei vielen Test liegt sie über 97 Prozent, zwei Tests erreichen sogar **98,72 Prozent** (was bedeutet, dass bei nur 1,28 Prozent aller negativen Testergebnisse der Proband in Wahrheit infiziert ist, der Test hat die Infektion des Probanden also nicht entdeckt). Die Tests eines Herstellers aus China erreichen – zumindest nach Herstellerangaben – eine Sensitivität von 98,5 Prozent und eine Spezifität von 100 Prozent, und andere Tests kommen diesen Werten zumindest nahe. **Ein durch die Universität von Oxford untersuchter Antigen-Test (Lam-PORE) weist eine Sensitivität von 99,1 Prozent und eine Spezifität von 99,6 Prozent auf.**[121] Diese Tests unterscheiden sich hinsichtlich der Gütekriterien praktisch nicht mehr von den PCR-Tests.

Zu diesem Schluss kommt auch eine Studie von Prof. Drosten: Bei fünf von sieben getesteten Antigen-Tests lag die Spezifizität zwischen 98,5 und 100 %.[122]

Bei diesen beeindruckenden Werten ist es unverständlich, warum das Paul-Ehrlich-Institut die Mindestkriterien nicht längst auf mindestens 98,0 Prozent (Spezifität) bzw. 97,0 Prozent (Sensitivität) angehoben hat. **Warum kommen in Deutschland minderwertige Antigen-Tests zum Einsatz, abgesegnet vom Paul-Ehrlich-Institut und dem RKI?** Damit immer noch behauptet werden kann, dass der PCR-Test den Antigen-Tests qualitativ deutlich überlegen sei?

Sowohl PCR-Tests als auch viele Antigen-Tests erreichen also fast 100 Prozent Spezifität, *positive* Testergebnisse sind also *immer* verlässlich. Der einzige Unterschied zwischen den beiden Testarten (zumindest hinsichtlich der besten Antigen-Tests) besteht darin, dass 1 bis 1,5 Prozent der Probanden, die im Antigen-Test ein *negatives* Testergebnis erhalten, im PCR-Test positiv wären. Das sind aber genau die Probanden, die eine so geringe Virenlast tragen, dass sie mit sehr großer Wahrscheinlichkeit nicht (mehr) ansteckend sind. Da der PCR-Test viel zu sensitiv auch noch auf die kleinsten Virenreste reagiert, stellt es kein Problem dar, dass diese 1,5 Prozent der Infizierten nicht entdeckt werden – sie können aufgrund ihrer sehr geringen Virenlast ohnehin keinen Schaden anrichten und andere infizieren. Man könnte ganz im Gegenteil argumentieren, dass es unsinnig ist, die Antigen-Tests an den Ergebnissen der PCR-Tests zu validieren, da diese – zumindest bei einem Schwellenwert von 40 Zyklen – viel zu sensitiv sind. Dem stimmt auch Prof. Drosten zu: *„Die Sensitivität der Antigen-Tests reicht aus, um eine Virenkonzentration zu entdecken, ab der die Patienten ansteckend sind"* [123] (Übersetzung von mir).

Damit gibt es keinen einzigen Vorteil mehr der PCR-Tests gegenüber den besten Antigen-Tests. Der PCR-Test sollte nur noch dann zum Einsatz kommen, wenn es von großer Bedeutung ist, bei einem Probanden auch noch die kleinste Virenlast nachweisen zu können, wie beispielsweise bei asymptomatischen Patienten, die auf eine Krebsstation verlegt werden. Hier sollte eine hundertprozentige Sicherheit bestehen, dass der Patient nach einer durchgemachten Infektion keine Viren mehr in sich trägt – ergänzt werden muss diese Diagnostik natürlich trotzdem um einen Antigentest, der eine Infektion früher erkennt als der PCR-Test. **Bei allen anderen Anlässen ist der Antigen-Test dem PCR-Test überlegen.**

Aufgrund dieser Vorzüge der Antigen-Tests empfahl die Europäische Kommission ihren Mitgliedsstaaten ausdrücklich, mehr Antigen-Tests durchzuführen, um die Verbreitung des Virus einzudämmen, Infektionen zu entdecken und um die Maßnahmen der Isolation und Quarantäne reduzieren zu können.[124]

Dennoch wurden in Deutschland die Antigen-Tests erst durch Inkrafttreten der „Dritten Coronavirus-Testverordnung" [125] am 15.10.2020 Teil der nationalen Teststrategie, vorher waren sie in Deutschland noch nicht einmal erhältlich. Warum wurden die Antigen-Tests in Deutschland erst so spät zugelassen? Bereits im April 2020 wurden der deutschen Bevölkerung die „billigen und leicht verfügbaren" Antigen-Tests als wichtiges Instrument gegen das Virus angepriesen. Andere europäische Länder setzen diese Tests auch schon lange in großem Umfang ein – Tschechien beispielsweise seit dem Sommer 2020, und die Slowakei war im Oktober 2020 in der Lage, mit Hilfe von Antigen-Tests *innerhalb von zwei Wochen 70 Prozent der gesamten Bevölkerung zu testen*[126] (ob solche Massentests eine gute Idee sind, ist eine ganz andere Frage).

Warum hinkte Deutschland bei der Verfügbarkeit der Antigen-Test so weit hinter den anderen europäischen Ländern hinterher? Besonders dramatisch war diese Fehlleistung der Regierung, weil die Antigen-Tests den größten Nutzen in Pflege- und Altersheimen und Krankenhäusern stiften können, wie das Bundesgesundheitsministerium selbst einräumte.[127] In genau diesen Institutionen stiegen die Infektionszahlen aber seit Anfang Oktober 2020 wieder stark (Band 7), in vielen Pflege- und Altersheimen gab es Ausbrüche mit bis zu 50 Infizierten unter den Bewohnern und dem Personal. **Dieser Anstieg der Infektionen unter Heimbewohnern und vor allem die *großen* Ausbrüche in den Heimen hätten die Antigen-Tests natürlich verhindern können, wenn sie vorsorglich und in großem Umfang eingesetzt worden wären – dafür kam die dritte Coronavirus-Testverordnung jedoch viel zu spät. Die Regierung hatte seit April 2020 Zeit, für die rechtzeitige Einführung der Antigen-Tests zu sorgen, deren Bedeutung in der Epidemie-Bekämpfung bereits im Frühjahr bekannt war.**

Wer jetzt gedacht hat, dass zumindest mit dem Erlass der Verordnung am 15.10.2020 – zwei Wochen vor dem Teil-Lockdown am 2. November 2020! – alles in Ordnung gekommen wäre, der täuscht sich. Statt spätestens jetzt, Wochen nach dem Beginn des scheinbar unaufhaltsamen Anstieges der Infektionszahlen bei den über 80-Jährigen, den Heimen endlich die Antigen-Tests in großem Umfang zur Verfügung zu stellen, hatte das Bundesgesundheitsministerium eine bessere Idee:

 [128]

Mitte Oktober 2020 wurde den Heimen also vom Bundesgesundheitsministerium aufgetragen, erst einmal ein „Test-Konzept" zu entwickeln (jedes Heim entwickelte sein eigenes Konzept!), dieses dem Gesundheitsamt vorzulegen, parallel die Tests zu beantragen und sich gleichzeitig um die Beschaffung der Tests zu kümmern. Man konnte nur für die Heimbewohner *beten*, dass das „Test-Konzept" ihrer Heimleitung die Gnade des Gesundheitsamtes fand, denn wenn es abgelehnt wurde, gab es für die Bewohner keine Tests! Man musste weiterhin dafür beten, dass die Heimleitung die Sache mit der ausreichenden Beschaffung der Tests in den Griff bekam, und auch dafür, dass die Nachfrage, die am 15.10.2020 in Deutschland wahrscheinlich explodierte, das Angebot nicht überstieg – sonst gab es nämlich für die Heimbewohner keine Tests, für das Personal nicht und für Besucher sowieso nicht.

Bald wurde jedoch deutlich, dass diese Gebete nicht gefruchtet hatten: Nach einer repräsentativen Umfrage gaben die Hälfte der Pflegekräfte an, dass für sie im Oktober 2020 Schnelltests „gar nicht" zur Verfügung gestanden hätten.[129] Noch einmal zum Vergleich: Bereits im Oktober war die Slowakei in der Lage, mit Antigen-Test innerhalb von zwei Wochen 70 Prozent der Bevölkerung zu testen. Was war der Grund für diesen Rückstand Deutschlands bei der SARS-CoV-2-Diagnostik im Vergleich zu anderen europäischen, asiatischen und nordamerikanischen Ländern? Eine gute Erklärung gibt es dafür nicht, meinte Prof. Kekulé in einem Interview mit der WELT: [130]

*Deutschland eingeführt wird, ist ein Test einer südkoreanischen Firma, der von Roche nur vertrieben wird [Spezifität: 99,7%, Sensitivität: 96,5%; Anmerkung von mir]. **Der Test ist seit März zugelassen und verfügbar und wird auch in vielen Ländern genutzt. Da hat Deutschland einfach zu lange gewartet… Der Groschen ist in Deutschland zu spät gefallen, das muss man einfach so knallhart sagen. Jetzt haben andere Staaten die verfügbaren Schnelltests schon großenteils aufgekauft"*.

Das erklärt aber immerhin, warum das schlaue Bundesgesundheitsministerium den Ankauf der Tests den Heimen und Krankenhäusern überließ: **Es gab keine mehr zu kaufen!**

Die extrem späte Zulassung der Antigen-Tests, die den PCR-Tests in fast jeder Hinsicht überlegen sind, und die Weigerung des Bundesgesundheitsministeriums, im Sommer 2020 diese Tests in großer Zahl anzukaufen, damit sie unmittelbar nach der Zulassung in ausreichender Zahl für die Pflege- und Altenheime und auch die Krankenhäuser zu Verfügung stehen, ist einer der großen Skandale der Corona-Epidemie.

Doch die Antigen-Tests haben nicht nur in den Heimen und den Krankenhäusern eine wichtige Funktion. Nach der Nationalen Teststrategie[131] sollen symptomatische Patienten *immer* mit dem PCR-Test getestet werden, Antigen-Tests sollen nur dann zum Einsatz kommen, wenn die PCR-Kapazität ausgelastet ist. Das bedeutet aber für einen Patienten mit Grippesymptomen, dass er a) wahrscheinlich mehrere Tage auf das Testergebnis warten muss, und sich b) bis dahin in Isolation begeben sollte.

Bei einer Positivrate von 5 bis 10 Prozent bedeutete dies, dass 90 bis 95 Prozent aller mit dem PCR-Test getesteten Personen sich mehrere Tage völlig umsonst in Isolation begeben mussten. Aus genau dem Grund ist vermutlich ab Anfang September 2020 die Dunkelziffer stark gestiegen: Die meisten waren wahrscheinlich noch immer bereit, sich im Fall einer Covid-19-Diagnose in Isolation zu begeben, aber nur noch ein kleiner Teil der symptomatischen Personen war bereit, sich bis zum Eintreffen des Testergebnisses selbst zu isolieren, obwohl dies mit 90 bis 95

Prozent Wahrscheinlichkeit unnötig war. Dieses große Problem hätte einfach gelöst werden können, wenn jedem symptomatischen Patienten umgehend (am besten noch am ersten Tag in der Früh) ein Antigen-Test zur Verfügung gestanden hätte. Das hätte gleich zwei Vorteile gebracht: Zum einen hätten sehr viel **mehr** Personen mit Erkältungssymptomen einen Test gemacht, es hätten daher sehr viel mehr infizierte Personen von ihrer Infektion erfahren und sich in Isolation begeben, als das bei der während der zweiten und dritten Welle geltenden Regelung der Fall war. Zum anderen hätten die Infizierten sehr viel **früher** von ihrer Infektion erfahren – und das war natürlich von entscheidender Bedeutung, weil die Ansteckungsfähigkeit um den Symptombeginn herum am größten ist. Beide Vorteile – die dem Bundesbundesgesundheitsminister offensichtlich auch während der zweiten Welle noch nicht einleuchteten – wären erreicht worden, wenn auch bei den symptomatischen Personen der PCR-Test durch einen (sehr guten) Antigen-Test ersetzt worden wäre. Aber die nationale Teststrategie des Bundesgesundheitsministeriums (bzw. des RKI) wollte es anders…

Es gäbe jedoch eine noch bessere Lösung: Jeder symptomatische Patient kauft sich einen Antigen-Test in der Apotheke und führt den Test selbst durch, die Kosten ersetzt die Krankenkasse (auf diese Idee kam die deutsche Politik erst im Februar 2021, als die vulnerabelsten Personen bereits geimpft waren). Das hätte den gigantischen Vorteil, dass jeder, der nach dem Aufwachen Erkältungssymptome verspürt, noch vor Arbeitsbeginn einen Test machen kann – und dann sicher weiß, ob er zu Hause bleiben muss oder sich auf die Arbeit freuen darf. Das einzige Argument, dass gegen diese einfache Anwendung des Antigen-Test spricht, nämlich die angeblich ungenügende Durchführung des Tests durch den Probanden selbst (insbesondere der Rachenabstrich soll ein Problem darstellen), **ist längst widerlegt**: In einer Studie des RKI zeigte sich, dass die Probanden den Abstrich genauso gewissenhaft durchführten wie das medizinische Personal.[132] Zum selben Ergebnis kommt eine weitere Studie, an der auch Prof. Drosten beteiligt war:[133]

> *"Diese Studie belegt, dass die supervisierte eigene Probe-Entnahme aus der Nase eine verlässliche Alternative zur professionellen Probe-Entnahme darstellt. Wenn man die einfache*

*Durchführung [dieser Schnelltests] bedenkt, könnte … das Selbst-Testen … zu Hause eine künftige Anwendung darstellen. Wenn das Selbst-Testen oft und in solchen Situationen durchgeführt werden könnte, in denen Übertragungen wahrscheinlich sind, **könnten Schnelltests einen erheblichen Einfluss auf die Pandemie haben**"* (Übersetzung von mir).

In Südkorea, das bezüglich des Testens von deutschen Wissenschaftlern stets als Vorbild dargestellt wird, werden seit Beginn der Pandemie in Drive-in- und Telefonzellen-Teststationen die Rachenabstriche von den Probanden selbst ausgeführt,[134] ohne dass Probleme bei der Validität der Tests bekannt geworden wären. Diese Selbstausführung des Rachenabstrichs hat den zusätzlichen Vorteil, dass der Proband nicht in Kontakt mit dem Testpersonal kommt.

Die Möglichkeit, einen nicht sehr teuren Antigen-Test selbst durchzuführen, würden mit Sicherheit viele auf eigene Kosten nutzen, auch wenn sie keine Symptome haben, beispielsweise bevor sie ihre Großeltern besuchen, oder weil sie einfach Corona-Hysteriker sind (so hätte die Corona-Hysterie *einmal* etwas Gutes). Die Antigen-Tests sind nämlich in der Lage, bereits ein bis drei Tage vor Symptombeginn eine Infektion zu entdecken.[135] Auf diese Weise könnten zum ersten Mal seit Beginn der Epidemie auch präsymptomatische Infizierte entdeckt werden – was mit den PCR-Tests bisher (fast) unmöglich war.

Es ist ein Skandal, dass die Selbst-Test in Deutschland erst im Februar 2021 zugelassen wurden,[136] und erst im März 2021 zum Kauf angeboten wurden (das war in anderen europäischen Ländern schon im Sommer 2020 möglich, und auch die vielgelobte Teststrategie Südkoreas basierte in erster Linie auf Selbsttests). Die Vorsitzende des Ethikrats, Prof. Buyx, gab für diese extrem späte Zulassung den Grund an, *„dass wir uns in Deutschland sehr schwer tun, Medizinprodukte in Laienhände zu geben".*[137] **Das meinte sie sicher als Witz** – wie schon erwähnt, weiß von einem Mitarbeiter eines Testzentrums, dass neue Mitarbeiter teilweise überhaupt keine Einweisung darüber erhielten, wie der Abstrich genommen werden muss. Niemand hat jemals die „Ausbildung" dieser Mitarbeiter kontrolliert – und von dem Abstrich hängt nun einmal das Testergebnis ab. Jeder, der sich die Mühe gemacht hat, sich einen Selbsttest zu besorgen, ist besser motiviert (und genauso gut „ausgebildet") wie ein durchschnittlicher Tester in einem beliebigen Testzentrum. Das Argument mit den „Laienhänden", in die Medizinprodukte in Deutschland nicht gelegt werden sollten, ist eine reine Schutzbehauptung – auch die Vorsitzende des Ethikrats beteiligt sich an der Wagenburg,[138] die die deutsche Politik vor Kritik abschirmen soll.

<u>Fazit</u>: **Die besten Antigen-Tests haben im Vergleich zum PCR-Test gigantische Vorteile:** Größere Ausbrüche an den entscheidenden Stätten der Epidemie-Bekämpfung, den Pflege- und Altersheimen und auch den Krankenhäusern, könnten durch den intensiven Einsatz dieser Tests fast vollständig verhindert werden.[139] Durch ihre unkomplizierte Anwendung, die auch eine Durchführung zu Hause ermöglichen würde, haben die Antigen-Tests eine viel größerer Akzeptanz in der Bevölkerung als die PCR-Tests, weil niemand tagelang auf das Ergebnis warten muss. Es spricht daher einiges für die Vermutung, dass viel mehr symptomatische Personen einen Antigen-Test gemacht hätten, als PCR-Tests absolviert wurden, da bei dem Antigen-Test nicht die Gefahr besteht, sich mehrere Tage umsonst in Isolation begeben zu müssen. Ein weiterer großer Vorteil der schnellen Auswertung besteht darin, dass der Proband sehr viel früher von seiner Covid-19-Infektion erfährt und sein Verhalten entsprechend früh danach ausrichten kann – und bekanntermaßen ist die Ansteckungsfähigkeit um den Symptombeginn herum am größten. Und durch die Anwendung im *Selbsttest* könnten erst recht viel mehr präsymptomatische Infizierte von ihrer Infektion erfahren.

Die intensive Nutzung der Antigen-Tests kann zur Eindämmung der Epidemie aus den genannten Gründen einen wichtigen Beitrag leisten,[140] <u>doch vor allem hätten die Menschen in den Pflege- und Altersheimen durch den rechtzeitigen massiven Einsatz von Antigen-Tests sehr viel besser geschützt werden können. Die extrem verspätete und sehr zögerliche Einführung der Antigen-Tests durch das Bundesgesundheitsministerium, das die Heime auch nach dem Erlass der dritten Testverordnung im Oktober 2020 in keiner Weise unterstützte, ist ein unglaublicher Skandal.</u> Die Slowakei schaffte es, innerhalb von zwei Wochen 70 Prozent der Bevölkerung zu testen (die Slowakei!), aber in

Deutschland lag die Testkapazität im November 2020 noch immer bei 2 Prozent der Bevölkerung pro Woche. *Lockdown* scheint das Einzige zu sein, was die deutsche Politik kann.

c) Antikörper-Tests

Das Immunsystem bildet Antikörper, wenn es sich mit einem Virus oder einem Bakterium auseinandersetzt – das geschieht natürlich auch bei einer Infektion mit SARS-CoV-2. Antikörper bilden sich in nachweisbarer Konzentration jedoch meist erst einige Wochen nach der Ansteckung mit SARS-CoV-2. Somit schlagen **Antikörpertests** frühestens 7 bis 10 Tage nach der Ansteckung an und sind daher nicht für den Nachweis einer akuten Infektion geeignet. Es wird empfohlen, einen Antikörpertest frühestens 4 Wochen nach einer vermuteten Corona-Infektion durchzuführen.[141] Da es sehr große Unterschiede zwischen den Patienten gibt, ab welchem Zeitpunkt das Immunsystem beginnt, Antikörper zu bilden, und wann sich dieser Prozess wieder deutlich abschwächt, wird in den besten wissenschaftlichen serologischen Studien (ein anderer Name für Antikörperstudien) meist zu mehreren Zeitpunkten getestet, um sicher zu gehen, dass wirklich keine Infektion übersehen wird.

Die Durchführung des Antikörper-Tests ist für den Probanden aufwendiger als PCR- oder Antigen-Tests, weil Blut entnommen werden muss. Die Probe wird dann im Labor danach analysiert, ob das Immunsystem SARS-CoV-2-spezifische Antikörper ausgebildet hat. Wenn das der Fall ist, ist der Nachweis erbracht, dass bereits eine Covid-19-Infektion durchgemacht wurde.

Für die Diagnostik einer akuten Infektion sind Antikörper-Tests aus den genannten Gründen völlig ungeeignet. Sie können in der Diagnostik jedoch die wichtige Rolle spielen, dass sie noch einige Monate nach einer Infektion den Beleg erbringen können, dass eine Infektion durchgemacht wurde. Wer also wissen will, ob die leichte Erkältung, die er drei Monaten zuvor hatte, nicht vielleicht doch Covid-19 war, kann einen Antikörpertest durchführen lassen (den die Ärzte für wenig Geld anbieten

– mir wurde der Preis von 17,90 Euro genannt). Das Wissen um eine durchgemachte Infektion ist natürlich inmitten der Epidemie der Hauptgewinn: Man kann den Personen der Risikogruppe als gefahrloser Kommunikationspartner zur Verfügung stehen („gefahrlos" heißt natürlich nicht „angenehm", oder gar „charmant", aber in einer Epidemie müssen auch die zur Risikogruppe zählenden Personen ein paar Abstriche machen), man muss sein Sozialleben in keiner Weise mehr beschränken und führt auch sonst ein coronasorgenfreies Leben. In Anbetracht dieser Vorteile wundert es mich, dass kaum jemand diese Antikörper-Tests macht.

Die eigentliche Bedeutung der Antikörper-Tests liegt jedoch in der Forschung: Sie werden eingesetzt, um herauszufinden, wie hoch der Anteil der Personen in der Bevölkerung ist, die seit Beginn der Epidemie eine Infektion durchgemacht haben (sogenannte Seroprävalenzstudien). Dieses Wissen ermöglicht es, die **Letalität** (Sterblichkeit) des Virus einzuschätzen, indem man die Zahl der Todesfälle durch die Zahl aller Infizierten dividiert. Der hohe Aufwand der Antikörperstudien – das Tropeninstitut in München erhielt von der bayerischen Regierung bereits am 21. März 2020 für die Durchführung einer einzigen repräsentativen Antikörperstudie eine Million Euro[142] – lohnt sich, da die als sehr hoch angenommene Letalität des Coronavirus der Grund dafür ist, dass zur Eindämmung der SARS-CoV-2-Epidemie sehr viel dramatischere Maßnahmen zum Einsatz kommen als zur Eindämmung einer schweren Grippewelle.

Antikörper-Tests haben jedoch ihre ganz eigenen Probleme. Die zwei wichtigsten: Zum einen gibt es zwischen den Patienten enorme Unterschiede, wann die Antiköper gebildet werden und wie schnell sie wieder verschwinden. Manche Patienten bilden nach einer Infektion gar keine messbaren Antikörper, bei manchen sind die Antikörper relativ lange recht stabil, während sie bei anderen Patienten nach kurzer Zeit wieder völlig verschwinden.

Es kommt eine weitere Schwierigkeit hinzu: Die in den meisten Antiköper-Tests erfassten IgG-Antikörper scheinen bei der Immunreaktion gegen SARS-CoV-2 weniger bedeutsam zu sein als die IgA-Antikörper: Eine Studie in Luxemburg entdeckte bei 11 Prozent der getesteten

Probanden SARS-CoV-2-spezifische IgA-Antikörper, aber nur bei 1,9 Prozent der Probanden IgG-Antikörper.[143] Eine andere Studie benutzte gleich sechs verschiedene Immunassays, um IgG-Antikörper zu entdecken – und dennoch wurden nur bei 52 Prozent der Probanden, die eine SARS-CoV-2-Infektion durchgemacht hatten, Antikörper entdeckt, bei den übrigen 48 Prozent fanden die Forscher keine Hinweise auf eine zurückliegende Infektion mit SARS-CoV-2. Es besteht bei Antikörper-Studien daher die Gefahr, dass ein großer Teil der Personen, die eine SARS-CoV-2 durchgemacht haben, nicht entdeckt wird.

Fazit: Die von Prof. Drosten bereits am 20. März 2020 zum Ausdruck gebrachte Hoffnung, dass bereits im Frühling 2020 in großem Umfang Antigentests eingesetzt werden können, hat sich nicht erfüllt:

> *„Wenn die [Antigen-] Tests gut anschlagen, dann können sie die aktuellen komplett ersetzen. Dann sind die Warteschlangen weg. Ich hoffe, dass es vielleicht im Mai so weit sein könnte"* (Prof. Drosten im ZEIT-Interview vom 20. März 2020).[144]

Wenn die Antigen-Tests in dem Umfang eingesetzt worden wären, wie das in Deutschland technisch und finanziell möglich war (laut Prof. Drosten zwischen 3 und 20 Millionen pro Monat,[145] und sie zusammen mit den wöchentlichen 1,7 Millionen PCR-Tests ausschließlich in den Pflegeheimen und Krankenhäusern eingesetzt worden wären, gäbe es in Deutschland nur einen Bruchteil der bisherigen Todesopfer zu beklagen. In der **50. Kalenderwoche** (7. Dezember bis 13. Dezember) lag die 7-Tage-Inzidenz bei der **Gesamtbevölkerung bei 150**, bei den 80-84-Jährigen bei 206, **den 85-89-Jährigen bei 365 und bei den über 90-Jährigen bei unglaublichen 631.**[146] **Die Politik trägt zu 100 Prozent die Verantwortung für dieses ungeheuerliche Scheitern.**

8. Die Infektionsorte und ihre Ansteckungsraten

Die wichtigste Erkenntnis zu den Infektionsorten zuerst: *„The transmission of … SARS-CoV-2 … is mainly an indoor phenomenon"* [147] – **die Übertragung von SARS-CoV-2 spielt sich praktisch ausschließlich in geschlossenen Räumen ab und so gut wie nie im Freien**. Chinesische Forscher untersuchten alle 7.324 Infektionen, die sich in China außerhalb der Provinz Hubei ereignet hatten und die hinreichend präzise beschrieben werden konnten. Von all diesen Infektionen hatte **nur eine einzige im Freien stattgefunden,** und zwar während eines Gesprächs (a.a.O., S.5). Alle übrigen Infektionen, die nachverfolgt werden konnten, hatten sich in geschlossenen Räumen ereignet.

Auch das RKI fand unter allen „Ausbrüchen" von Covid-19, die es in Deutschland bis zum 11. August 2020 gegeben hatte (für einen „Ausbruch" braucht es mindestens zwei neue Infektionen) nur einen einzigen, der im Freien stattgefunden hatte: Drei Personen infizierten sich während eines Picknicks.[148] Man kann mit Sicherheit davon ausgehen, dass sich diese Personen ohne Sicherheitsabstand miteinander unterhalten haben.

Alle mir bekannten Studien zu diesem wichtigen Punkt bestätigen das Ergebnis, dass SARS-CoV-2 praktisch nie im Freien weitergegeben wird (eine Literaturübersicht findet sich hier:[149]). Diese unumstrittene Erkenntnis der Wissenschaft hätte von den Politikern beachtet werden sollen, die im November 2020 die **Maskenpflicht für zahlreiche Innenstädte** verordneten. Durch diese Maskenpflicht wird nur dann eine Infektion verhindert, wenn sich zwei Personen miteinander unterhalten – und das werden diese Personen wahrscheinlich nicht nur in der Innenstadt beim gemeinsamen Einkaufen tun. Sie sollte auch von den Gerichten beachtet werden, die für **Demonstrationen** nach wie vor Maskenpflicht + Sicherheitsabstand fordern – für diese Forderung gibt es keine wissenschaftliche Grundlage. Solange kein Gespräch geführt wird, liegt die Wahrscheinlichkeit, sich im Freien mit Covid-19 zu infizieren, bei null – das war einer der wichtigsten Gründe für den starken Rückgang der Infektionszahlen im Sommer 2020.

Das zweite Ergebnis all dieser Studien zu den Infektionsorten: Die weit überwiegende Mehrheit der Infektionen spielt sich **innerhalb des Haushalts** ab. Zu dieser Erkenntnis hat sich inzwischen auch das RKI durchgerungen: *„Ein Großteil der Menschen steckt sich … im privaten Umfeld an"* [150] (ebenso: [151] und [152]). Zu Beginn der Epidemie betrachtete das RKI noch Feiern (Bierfeste, Après-Ski, Faschingsfeiern, private Geburtstagsfeiern, Trauerfeiern) als wichtigste Ursache für Infektionen[153] – das hat sich inzwischen grundlegend geändert.

Auch das RKI hat im Sommer 2020 eine Studie zu allen „**Ausbrüchen**" veröffentlicht, die bis zum 11. August 2020 an das RKI gemeldet wurden, ein „Ausbruch" wurde definiert als ein Infektionsgeschehen mit mindestens zwei bestätigten Fällen. Ziel der Studie war es herauszufinden, in welchem Setting sich die meisten Ausbrüche ereignen. Die Pflege- und Altenheime liegen mit über 13.300 Personen, die sich im Rahmen von Ausbrüchen infiziert haben, weit an der Spitze, gefolgt vom Arbeitsumfeld (5.800 Infizierte) und den Krankenhäusern (4.100 Infizierte). Weit abgeschlagen die Restaurants (273 Infizierte), die Kindergärten und Kindertagestätten (168 Infizierte) und die Schulen (150 Infizierte) – obwohl diese Orte doch angeblich die „Treiber" der Epidemie sind, wie die Corona-Hysteriker nicht müde werden zu behaupten. Mit den Fakten hat diese Behauptung allerdings nichts zu tun.

In einer großartigen Metastudie (das ist eine Studie, die die Ergebnisse aller zu einem Thema veröffentlichten wissenschaftlichen Studien untersucht) zu den Ansteckungsraten *innerhalb* von Haushalten wurden 54 internationale Studien analysiert, die bis zum 19. Oktober 2020 veröffentlicht worden waren.[154] Das überraschende Ergebnis: **<u>Nur 16,6 Prozent aller Personen, die mit einem Infizierten im selben Haushalt wohnten, wurden von diesem angesteckt</u> (S.1), und selbst die Partner infizieren sich nur mit einer Wahrscheinlichkeit von 37,8 Prozent.** Da diese Personen viele Stunden miteinander in geschlossenen Räumen verbrachten, **spricht auch dieser unerwartet niedrige Wert eindeutig gegen eine große Bedeutung von Aerosolen bei der Verbreitung von SARS-CoV-2 – würden Aerosole eine wichtige Rolle spielen, müssten die Ansteckungsraten nahe 100 Prozent liegen.**

Erwachsene infizieren sich fast doppelt so häufig wie Kinder, wenn sie mit einem Infizierten im selben Haushalt leben (Ansteckungsrate: 28,3 Prozent zu 16,8 Prozent; a.a.O., S.1). Ein weiteres wichtiges Ergebnis der Metastudie: **<u>Es geht praktisch kein Ansteckungsrisiko von asymptomatischen Infizierten aus: Nur 0,7 Prozent</u> der mit diesen Personen im selben Haushalt Lebenden wurden infiziert, während diese Rate bei symptomatischen Erkrankten 18,0 Prozent betrug** (a.a.O.). Zu dem Ergebnis, dass asymptomatische Infizierte (nicht: *prä*symptomatische Infizierte!) praktisch nicht ansteckend sind, kommt auch eine gigantische Studie, die am 20.11.2020 in *Nature* veröffentlicht wurde.[155] Im Rahmen dieser Studie wurden 92,9 Prozent (!) aller Einwohner Wuhans, die älter als sechs Jahre waren, Ende Mai 2020 mit einem PCR-Screening getestet. Ergebnis: Es wurden 300 asymptomatische Fälle gefunden, doch unter den 1.174 engen Kontaktpersonen dieser Infizierten gab es **keine einzige Infektion**. Das ist eine extrem gute Nachricht für die Covid-19-Eindämmung: **Asymptomatische Infizierte, deren Infektion nur selten entdeckt wird, stellen praktisch kein Infektionsrisiko für andere dar. Das ist eine wichtige Information auch für die Einschätzung der <u>Infektionsgefahr, die von Kindern ausgeht</u>, da ungefähr die Hälfte aller Kinder nur asymptomatische Verläufe haben.**

Ein weiteres Ergebnis der oben beschriebenen Metastudie von Madewell et al.: **Die Wahrscheinlichkeit, von der Indexperson infiziert zu werden, ist bei im gleichen Haushalt lebenden Personen drei Mal so hoch wie bei den übrigen engen Kontaktpersonen** (a.a.O., S.5). Es gibt eine geradezu sensationelle Studie aus Singapur, in der die engen Kontakte aller bestätigten SARS-CoV-2-Infektionen untersucht wurden.[156] Unter den Kontakten, die weniger als 30 Minuten engen Kontakt mit den Indexpatienten gehabt hatten, gab es praktisch keine Infektionen (S.3; diese Erkenntnis sollte das RKI bei der Festlegung der Quarantäneregeln unbedingt berücksichtigen). Bei den Arbeitskollegen, die mehr als 30 Minuten mit dem Infizierten engen Kontakt gehabt hatten (Distanz unter 2 Metern), wurden nur 1,3 Prozent angesteckt, und auch bei den engen sozialen Kontakten betrug die Ansteckungsrate nur 1,3 Prozent (a.a.O., S.1). Die Effizienz von Quarantäne-Anordnungen sinkt also erheblich, wenn Personen außerhalb des eigenen Haushalts betroffen sind, denn diese werden mit sehr großer Wahrscheinlichkeit nicht infiziert. Die Wissenschaftler ziehen aus dieser Erkenntnis den Schluss, dass Quarantäne-Maßnahmen vor allem auf die Angehörigen des gleichen Haushalts konzentriert werden sollten *„Priority for quarantine measures should therefore be given to household contacts"* (a.a.O., S.9; „Bei den Quarantäne-Maßnahmen sollten den Kontakten innerhalb des Haushalts des Infizierten Priorität eingeräumt werden"; Übersetzung von mir) – vor dem Hintergrund dieser wissenschaftlichen Erkenntnisse müssen die deutschen Gesundheitsämter ihre Quarantäne-Maßnahmen gegen Kontaktpersonen außerhalb des Haushalts der Indexperson rechtfertigen, sie dürften unverhältnismäßig und daher rechtswidrig sein.

Die mit weitem Abstand gefährlichste Situation für eine Übertragung von SARS-CoV-2 ist das Sprechen ohne Maske und ohne Sicherheitsabstand. Dauert ein Gespräch über 30 Minuten, steigt das Infektionsrisiko auf das Achtfache, bei einer Gesprächsdauer unter 30 Minuten immerhin auf das Vierfache (a.a.O., Tab. 9). <u>**Kein** Risikofaktor stellt der indirekte Kontakt dar, also ein Kontakt ohne Sicherheitsabstand, solange kein Gespräch stattfindet.</u> Auch diese Ergebnisse belegen, dass die Tröpfcheninfektion bei der Übertragung von SARS-CoV-2 deutlich im Vordergrund steht, während die Übertragung durch Aerosole praktisch bedeutungslos ist.

Ich möchte in diesem Zusammenhang noch einmal auf die geringe Prävalenz von Covid-19 unter den Angestellten von Supermärkten hinweisen (Kapitel 2), **die beweist, dass SARS-CoV-2 in Supermärkten und anderen Geschäften des Einzelhandels nicht übertragen wird.** Besonders informativ ist, dass die Kassierer zwar seit Beginn der Epidemie durch eine Plexiglasscheibe geschützt wurden, aber bis September 2020 keine Maske trugen. Dennoch liegt die Covid-19-Prävalenz von Angestellten in Supermärkten unter dem Durchschnitt der Gesamtbevölkerung, was beweist, dass in Supermärkten keine Ansteckungsgefahr über Aerosole besteht.

<u>**Fazit: Die Situation, in der es mit weitem Abstand am häufigsten zu einer Übertragung von SARS-CoV-2 kommt, ist das Sprechen ohne Maske und ohne Sicherheitsabstand.**</u>[157] **Wer die Epidemie beenden will, sollte in jeder Sprechsituation zu seinem Kommunikationspartner**

entweder 2 Meter Abstand halten oder eine Maske tragen. Das vernichtet jedoch jeden Charme dieser grundlegendsten aller sozialen Situationen, und genau das ist das Problem mit der Eindämmung von SARS-CoV-2.

9. Immunität

Hinsichtlich der Immunität gibt es zwei wichtige Fragen: a) Wird nach einer Infektion Immunität entwickelt, und wenn ja, wie lange schützt sie vor einer Reinfektion? und b) Gibt es bereits eine Kreuz-Immunität in der Bevölkerung gegen SARS-CoV-2? Die Antworten auf diese Fragen sind wichtig für die Entscheidung über die optimalen Eindämmungsstrategie gegen SARS-CoV-2.

a) Wird durch eine Covid-19-Erkrankung Immunität erreicht?

Für SARS-CoV-1 wurde geschätzt, dass eine mindestens dreijährige Immunität erworben wird.[158] **Es darf inzwischen als sicher gelten, dass für SARS-CoV-2 Ähnliches gilt. Selbst eine leichte Covid-19-Erkrankung scheint zu einer stabilen Immunität zu führen, die höchstwahrscheinlich mindestens zwei Jahre vor einer weiteren Erkrankung schützt.**

Für die Immunreaktion nach einer Covid-19-Infektion sind zwei verschiedene Mechanismen im Körper verantwortlich: Zuerst bilden sich Antikörper heraus, die für Immunität sorgen, sobald sie ein gewisses Level erreicht haben (auf dieser Immunreaktion des Körpers basieren die Antikörpertests). Da sich diese Antikörper bei manchen Patienten relativ schnell wieder zurückbilden, und bei anderen überhaupt nicht gebildet werden, machten sich zu Beginn der Epidemie die Corona-Hysteriker große Sorgen, dass die Immunität nicht lange halten würde. Wie man inzwischen weiß, waren diese Sorgen unbegründet. Zum einen ist inzwischen sicher, dass auch die Antikörper gegen SARS-CoV-2 recht stabil sind: Eine Antikörper-Studie fand beispielsweise heraus, dass die Spike IgG-Antikörper auch noch nach mehr als 6 Monaten „relativ stabil" sind.[159] Eine in Island durchgeführte Studie stellte fest, dass die Antikörperspiegel in den ersten zwei Monaten nach der Infektion stiegen, und dann für zumindest zwei weitere Monate stabil blieben[160] (dann endete die Studie). Den bisher stärksten Beleg für die hohe Stabilität der Immunität durch Antikörper liefert eine chinesische Studie, die die

Langzeitfolgen von Covid-19 untersuchte.[161] Bei allen drei untersuchten IgG-Antikörpern zeigte sich auch nach 6 Monaten praktisch kein Rückgang in Vergleich mit der akuten Phase – **mehr als 90 Prozent aller Probanden wurden auch nach einem halben Jahr noch positiv auf diese drei Antikörper getestet** (S.8, Abb. 3). Das spricht für eine hohe zeitliche Stabilität der Immunreaktion auf Covid-19.

Zum anderen aber stehen dem Immunsystem noch zwei andere schlagkräftige Waffen gegen das Virus zu Verfügung, die einen sehr viel längeren Atem haben als die vergleichsweise labilen Antikörper: die **T-Zellen** (die Viren und befallene Körperzellen angreifen und eliminieren) und die **B-Zellen** (die jederzeit neue Antikörper produzieren können, wenn sie benötigt werden).

Ende 2020 wurden mehrere Studien veröffentlicht, deren Autoren aufgrund der Forschungsergebnisse völlig von der Dauerhaftigkeit und Robustheit der Immunität durch B- und T-Zellen überzeugt waren. Im Oktober 2020 wurde in dem renommierten Fachjournal *Cell* eine Studie von schwedischen Forschern veröffentlicht, die sich vor allem der Frage zuwandte, ob auch leichte oder sogar asymptomatische Covid-19-Erkrankungen zu einer Immunantwort des Körpers führen.[162] Die Antwort der Forscher fiel eindeutig aus: *„Unsere Daten zeigen, dass SARS-CoV-2 breite und funktional vollständige Reaktionen der Gedächtnis-T-Zellen auslöst, was nahelegt, dass eine Infektion mit Covid-19 eine Reinfektion verhindern dürfte"* (S.158; Übersetzung von mir). Zu dem Ergebnis, dass die T-Zellen des Immunsystems auch bei nur milden Krankheitsverläufen zu einer ausreichenden Immunreaktion führen, kommen auch Forscher, die im November 2020 ihre Ergebnisse in *Nature* veröffentlichten.[163] Eine weitere Studie fand nach 6 Monaten sogar mehr B-Gedächtniszellen als nach einem Monat, während T-Gedächtniszellen nach 6 Monaten noch bei 89 Prozent der Probanden nachgewiesen werden konnten. Beide Ergebnisse sprechen ebenfalls für eine dauerhafte Immunität.[164]

T-Zellen zeichnen sich durch viele vorteilhafte Eigenschaften aus, eine davon ist, dass sie auch viele Jahre nach einer Infektion dem Körper noch zur Verfügung stehen, was beispielsweise für SARS-CoV-1 noch **nach 17 Jahren** nachgewiesen werden konnte.[165] Wichtig ist in diesem

Zusammenhang, dass die Reaktion der T-Zellen grundsätzlich sehr viel häufiger für die Immunreaktion des Körpers verantwortlich sind als die Antikörper. **Während Antikörper die Reinfektion völlig verhindern, reagieren die T-Zellen erst im Falle einer Reinfektion – sie verhindern dann aber einen *schweren* Krankheitsverlauf[166] – Covid-19 wird zu einer einfachen Erkältung.**

Zu dem Schluss, dass auch milde Krankheitsverläufe zumindest für mehrere Monate zu einer Immunität führen (wahrscheinlich aber sehr viel länger), kommen auch Forscher der Universität von Arizona. Sie fanden heraus, dass die verschiedenen Arten von Antikörpern sich deutlich darin unterscheiden, wie schnell sie vom Körper nach einer Infektion abgebaut werden.[167] Manche werden schon nach Wochen wieder deutlich reduziert, andere jedoch bleiben deutlich länger stabil und sorgen entsprechend lange für Immunität (*„RBD- and S2-specific and neutralizing antibody titers remained elevated and stable for at least 2-3 months post-onset"*, S.1).

In den Medien wurden zu Beginn der Epidemie zahlreiche Fälle von Reinfektion berichtet, was gegen die Entwicklung einer Immunität nach einer Infektion sprach. Hierbei handelte es sich aber oft um Falschmeldungen – einer der beiden positiven Tests war ein falsch-positives Ergebnis gewesen. Bis September 2020 gab es weltweit ca. 30 Millionen bekannte Infektionen, aber nur sechs bestätigte Fälle einer symptomatischen Reinfektion: Zwei Personen aus Indien und jeweils eine aus Hong Kong, USA, Belgien und Ecuador.[168] Allein aus diesem extrem seltenen Auftreten von Reinfektionen (neun Monate nach Beginn der Pandemie!) kann man bereits schließen, dass in den allermeisten Fällen nach einer Covid-19-Infektion vom Körper eine starke Immunität aufgebaut wird. Die geringe Zahl an Reinfektionen ist möglicherweise das stärkste Argument für den Aufbau einer robusten Immunität nach einer Erkrankung: *„Fast ein Jahr nach Beginn der Covid-19-Pandemie hat es inzwischen mehr als 30 Millionen Infektionen gegeben, aber in der ganzen Welt gibt es extrem wenige dokumentierte Fälle von Reinfektionen. Wenn die natürliche Immunität nicht zu einem hohen Schutz führen würde, müsste man sehr viel mehr Reinfektionen erwarten" (Übersetzung von mir).*[169]

In der oben bereits erwähnten chinesischen Studie, in der im Mai 2020 93 Prozent aller Personen über 6 Jahren in Wuhan getestet wurden,[170] wurde bei 107 von 34.424 ehemaligen Covid-19-Patienten eine Reinfektion entdeckt – doch diese Patienten waren alle asymptomatisch, und bei keinem dieser Patienten konnten die Zellkulturen des Virus vermehrt werden, was gegen eine Ansteckungsfähigkeit dieser Patienten spricht. Keine einzige der engen Kontaktpersonen der reinfizierten Patienten wurde von ihnen infiziert. Ohne diese gigantische Studie wären die Reinfektionen nie entdeckt worden.

Um die Immunität nach einer Infektion mit Covid-19 muss man sich also keine Sorgen machen – egal, was die Corona-Hysteriker behaupten, **denn für die Corona-Hysteriker ist die Immunität natürlich eine große Gefahr.** Ihre eigene Strategie setzt ja gerade auf die völlige Vermeidung von Infektionen in allen Bevölkerungsgruppen, wodurch auch die natürliche Immunität verhindert wird. Deshalb gibt es nach Überzeugung der Corona-Hysteriker nach einer Infektion entweder keine Immunität (über die angeblichen Reinfektionen in Südkorea, die sich später als Falschmeldung erwiesen[171] – konnte man im April 2020 in jedem zweiten Corona-Artikel lesen), oder sie werten die Bedeutung der Immunität ab. Nichts Gutes darf aus dem Nichtbefolgen der Strategie der Corona-Hysteriker entstehen!

Es gibt jedoch ein großes Problem: Mit ihren immer wieder vorgetragenen Zweifeln an einer ausreichenden und stabilen Immunreaktion nach einer Covid-19-Infektion sägen die Corona-Hysteriker an dem Ast, auf dem sie selber sitzen. Wenn selbst eine Infektion mit Covid-19 nicht zu einer ausreichenden (natürlichen) Immunität führt, dann schafft das eine Impfung erst recht nicht. Auf der Impfung basiert aber die gesamte Strategie des „Jede Infektion ist zu viel!", die von den Corona-Hysterikern so leidenschaftlich vertreten wird. Dieser Widerspruch wurde ihnen erst bewusst, als es Anfang November 2020 Meldungen über die erfolgreiche Entwicklung einer Impfung gab. Seitdem finden sich auch in Zeitungen und Magazinen, die zu den führenden Vertretern der Corona-Hysterie zu zählen sind, plötzlich sehr optimistische Berichte bezüglich der zu erwartenden Immunität – nachdem hier monatelang nur Pessimismus verbreitet wurde. *„Die Immunität gegen das Coronavirus* *könnte Jahre anhalten, besagen neue Daten. Blutproben von Genesenen legen eine starke, langanhaltende Immunantwort nahe, berichten Forscher"* betitelte die New York Times einen Bericht am 17.11.2020.[172] Die geringe Abnahme der Immunzellen innerhalb mehrerer Monate lege nahe, dass diese Zellen *„lange, lange Zeit"* im Körper erhalten blieben. Dem Versuch der New York Times, dies als überraschende Erkenntnis darzustellen, widerspricht ein Forscher: *„That´s supposed to happen"* („Genau das würde man erwarten"; Übersetzung von mir; a.a.O., S.1). Auch sinkende Antikörper-Spiegel findet die New York Times plötzlich nicht mehr bedenklich: *„Viele Immunologen haben darauf hingewiesen, dass das Sinken der Antikörper-Spiegels natürlich ist"* (S.2). Im Bericht wird noch darauf hingewiesen, dass das Coronavirus eine lange Inkubationszeit habe, was dem Körper viel Zeit gibt, um seine Immunantwort hochzufahren. Plötzlich ist alles gut hinsichtlich der Immunität!

Und auch der SPIEGEL (die *Prawda* der Coronakrise) erkannte bezüglich der Immunität im November 2020 plötzlich eine Trendwende: *„Der Traum von der Immunität – und warum er berechtigt ist"* lautete der optimistische Titel eines schon fast überschwänglichen Artikels, der kurz nach der Bekanntgabe der Impfstoffentwicklung durch Pfizer veröffentlicht wurde.[173] Die Belege, die der SPIEGEL dann für seinen Optimismus anführte, waren zwar ein bisschen dünn – aber egal, der SPIEGEL hielt die Immunität **jetzt** für eine sichere Sache.

Es besteht in diesem einen Punkt also inzwischen Einigkeit zwischen den Corona-Hysterikern und ihren Gegnern: Um eine robuste, lang-anhaltende Immunität nach einer Infektion muss man sich keine Sorgen machen.

b) Gibt es in der Bevölkerung bereits teilweise eine Kreuzimmunität?

Die oben bereits erwähnte schwedische Studie[174] fand heraus, dass auch 28 Prozent der Blutproben von Blutspendern, die vor der Pandemie gespendet hatten, T-Zellen-Reaktivität gegen SARS-CoV-2 aufwiesen. Dieses Ergebnis spricht für eine in der Bevölkerung bereits bestehende **Kreuzimmunität** (also eine Immunität gegen SARS-CoV-2, die durch den Kontakt mit anderen Viren erworben wurde), was auch von anderen Forschern bereits vermutet wurde.[175] Amerikanische Forscher fanden T-Zellen-Aktivität gegen SARS-CoV-2 sogar in 40 bis 60 Prozent der Probanden, die niemals eine SARS-CoV-2-Infektion gehabt hatten.[176] Es spricht vieles dafür, dass diese Reaktion der T-Zellen zuerst von anderen, altbekannten Coronaviren ausgelöst wurde. Für diejenigen, die sich für die Details interessieren (das übersetze ich jetzt nicht!): *„Spike-protein-reactive T cell lines generated from SARS-CoV-2-naive healthy donors responded similarly to the C-terminal region of the spike proteins of the human endemic coronaviruses 229E and OC43, as well as that of SARS-CoV-2. These results indicate that spike-protein cross-reactive T cells are present, which were probably generated during previous encounters with endemic coronaviruses"* (S1f.). Die Reaktion der T-Zellen legt zumindest eine Teilimmunität gegen SARS-CoV-2 nahe.

Die vom RKI bereits im März 2020[177] vermutete Kreuzimmunität in der Bevölkerung hätte zu Folge, dass ein Drittel der Bevölkerung zumindest vor einem schweren Krankheitsverlauf geschützt ist. Eine sehr gute Nachricht, für die immer mehr Forschungsergebnisse sprechen, über die in den Medien *erstaunlicherweise* aber nur selten berichtet wird.

10. Verdopplungszeit der Neuinfektionen, Generationszeit und serielles Intervall

Für die Berechnung der Reproduktionszahl (s. nächstes Kapitel) muss man die **Generationszeit** kennen: Wie viele Tage dauert eine Virengeneration? Berechnet wird diese wichtige Kenngröße als das durchschnittliche Zeitintervall zwischen dem **Infektionszeitpunkt** einer Person und dem Infektionszeitpunkt aller von ihm angesteckten Personen. Infiziert sich Person A beispielsweise an einem Samstag, und steckt insgesamt zwei Personen an, eine am Dienstag (nach drei Tagen) und die andere am Donnerstag (nach fünf Tagen), beträgt die Generationszeit 4 Tage. Man kann auch das durchschnittliche Intervall zwischen dem **Auftreten der ersten Symptome** eines Patienten und dem durchschnittlichen Beginn der ersten Symptome aller von ihm angesteckten Personen berechnen, dann spricht man von dem „**seriellen Intervall**". Generationszeit und serielles Intervall sollten identisch sein, sie werden nur aus unterschiedlichen Daten berechnet.

Die Generationszeit für SARS-CoV-2 wird vom RKI mit **4 Tagen** angegeben, und ist damit 1 bis 2 Tage kürzer als die Inkubationszeit – was bedeutet, dass nach Auffassung des RKI eine große Zahl der Infektionen stattfindet, bevor die ansteckende Person die ersten Krankheitssymptome entwickelt hat.

Die „**Verdoppelungszeit**" von Neuinfektionen ist eine Kennzahl, die zu Beginn der Epidemie vor allem von Politikern genutzt wurde. Sie ist besser als der R-Wert dazu geeignet, bei stark steigenden Zahlen die Dramatik der Entwicklung zu verdeutlichen. Vor dem Lockdown im März 2020 hieß es, dass sich die Zahlen „alle zwei Tage" verdoppelten (um Band 4 vorzugreifen: diese Verdoppelung innerhalb von zwei Tagen hat es nur gegeben, wenn man die im Ausland stattgefundenen Infektionen dem Infektionsgeschehen in Deutschland zurechnet und die erhebliche Ausweitung der Testkapazitäten in Kalenderwoche 11 unberücksichtigt lässt – beides ist natürlich unzulässig). Die Verdoppelungszeit wurde natürlich immer länger, als der Rückgang der Neuinfektionen begann, sich endlich auch in den Meldezahlen zu zeigen. Bevor man über Lockerungen nachdenken könne, müsse diese Verdoppelungszeit auf 10 Tage steigen, sagte die Kanzlerin am 31. März.[178] Am nächsten Tag wurde diese Kennziffer von Kanzleramtsminister Braun auf 12 Tage angehoben,[179] dann auf 14, dann auf 16. Als auch dieser Wert erreicht war, diskutierte die Kanzlerin aber noch immer nicht über Lockerungen, sondern erwähnte die Kennziffer der Verdoppelungszeit einfach nicht mehr und ersetzte sie durch den R-Wert (Frau Merkel neigt zu pragmatischen Lösungen). Die Verdoppelungszeit hatte ihre Pflicht getan.

Doch wer im April 2020 glaubte, die Sache mit der Verdoppelungszeit der Neuinfektionen sei ein für alle Mal vorbei, sah sich getäuscht: Als die gemeldeten Neuinfektionen im Oktober 2020 wieder stark stiegen, wurde diese Kennziffer wieder hervorgekramt und von den Politikern intensiv genutzt. Das ist das Schöne an dieser Kennzahl: Man berechnet sie immer nur dann, wenn es schlechte Nachrichten gibt, die Infektionszahlen also stark steigen. Bei einer Verbesserung des Infektionsgeschehens geht man dann auf andere Kennziffern über, denen diese Verbesserung nicht so leicht zu entnehmen ist, wie z.B. den Prozentsatz der *insgesamt* belegten Intensivbetten. **Auf diese Weise manipulieren die Politiker und die Medien die öffentliche Wahrnehmung der Entwicklung des Infektionsgeschehens** (ich zumindest falle da immer wieder drauf rein).

11. Die Basisreproduktionszahl von SARS-CoV-2

Die Basisreproduktionszahl R_0 des Virus gibt an, wie viele Menschen ein Infizierter im Durchschnitt ansteckt, wenn in einer Gesellschaft keine Maßnahmen zur Eindämmung des Virus ergriffen werden (also z.B. weder vermehrtes Händewaschen noch Soziale Distanzierung). Dieser Wert wird vom RKI inzwischen aufgrund von „systematischen Reviews" mit 3,3 bis 3,8 angegeben, im Mai 2020 nannte das RKI noch Werte von 2,4 bis 3,3. Das amerikanische *Center of Disease Control* gibt als beste Schätzung den Wert 2,5 an (Stand: 10. September 2020). **In diesem Buch gehe ich davon aus, dass SARS-CoV-2 in Deutschland eine Basisreproduktionszahl von 3,3 hat** – die Untergrenze des jetzt (Dezember 2020) vom RKI genannten Intervalls.

Die Basisreproduktionszahl ist neben der Letalität des Virus und der Generationszeit der wichtigste Parameter, den man kennen muss, um die Bedrohung eines Virus für die Gesundheit und das Leben einer betroffenen Bevölkerung einschätzen zu können, denn die Basisreproduktionszahl hat direkten Einfluss auf die **Ausbreitungsgeschwindigkeit** des Virus. Sie ist keine konstante Eigenschaft des Virus, sondern wird durch zahlreiche kulturelle Faktoren beeinflusst: In Kulturen mit großer durchschnittlicher Haushaltsgröße, hoher Bevölkerungsdichte, beengten Wohnverhältnissen und häufigem direkten sozialen Kontakt mit Freunden und Familienmitgliedern ist die Basisreproduktionszahl natürlich besonders hoch.[180] Die für ein Land insgesamt berechnete Basisreproduktionszahl ist ein Mittelwert – es gibt in jedem Land zahlreiche **Subkulturen**, deren spezifische Basisreproduktionszahlen deutlich höher oder auch niedriger sind als die für das Land angegebene durchschnittliche Basisreproduktionszahl. In Deutschland dürfte daher SARS-CoV-2 beispielsweise in der Subkultur der Studenten wegen ihrer zahlreichen sozialen Kontakte eine besonders hohe Basisreproduktionszahl haben, in der Gruppe der alleinstehenden Rentnerinnen eine besonders niedrige. Ebenso kann man für besondere Umgebungsbedingungen (**Settings**) eine eigene Basisreproduktionszahl berechnen. In Clubs ist sie besonders hoch, im Wald besonders niedrig. Für das Kreuzfahrtschiff *Princess Diamond* wurde der R-Wert auf über 11 bis 15 geschätzt.[181]

Unglücklicherweise liegt die Basisreproduktionszahl von SARS-CoV-2 auch in Krankenhäusern und Pflegeheimen besonders hoch.

Wenn eine Gesellschaft die Ausbreitungsgeschwindigkeit von SARS-CoV-2 verringern möchte, hat sie dazu zahlreiche Möglichkeiten (eine durch solche Maßnahmen reduzierte Reproduktionszahl wird **effektive** Reproduktionszahl genannt – sie ist gemeint, wenn in diesem Buch von der „Reproduktionszahl" oder einfach dem „R-Wert" die Rede ist). Sie kann in der **gesamten Bevölkerung** reduziert werden (z.B. durch Abstandgebot von 1,5 Metern, wodurch insbesondere die Tröpfcheninfektionen verhindert werden sollen, oder allgemein gültige Ausgangsbeschränkungen), in besonderen **Settings** (Besuchsverbot in Krankenhäusern, Reduktion der Anzahl von Personen pro 10 Quadratmeter Verkaufsfläche in Supermärkten, die Schließung von Restaurants ab einer bestimmten Uhrzeit), oder für bestimmte **Personengruppen** (Maskenpflicht für Schüler oder das medizinische Personal in Krankenhäusern, Berufsverbot für Kulturschaffende).

Bei der Entscheidung darüber, welche Maßnahmen zur Senkung der Basisreproduktionszahl umgesetzt werden sollen, müssen vor allem drei Kriterien beachtet werden:

a) Wie stark können die Maßnahmen die Reproduktionszahl **in der Gesamtbevölkerung** senken?

b) **Wie weit sind die Maßnahmen von den Personen der Risikogruppe entfernt, um deren Schutz es bei allen Maßnahmen letztlich geht?** Auf einer Skala von 0 bis 100 erhält beispielsweise der Test eines Pflegers in einem Pflegeheim vor Arbeitsantritt eine 100, das Schließen einer Kindertagesstätte eine null.

c) **Welcher Schaden** sozialer, gesundheitlicher, psychischer und wirtschaftlicher Art wird durch die Maßnahmen verursacht?

In der jetzigen Epidemie wird der Fehler gemacht, dass fast ausschließlich auf den Gesichtspunkt a) geschaut wird, während die beiden anderen Gesichtspunkte weitgehend unberücksichtigt bleiben.

Es gibt zwei direkte Ursachen für die zahlreichen Lockdown-Maßnahmen der Jahre 2020 und 2021: Die hohe Letalität von SARS-CoV-2 und die hohe Ausbreitungsgeschwindigkeit des Virus. Die Letalität wird in Kapitel 16 behandelt, im folgenden 1. Exkurs möchte ich die hohe **Ausbreitungsgeschwindigkeit** von SARS-CoV-2 veranschaulichen. Diese wird neben der Generationszeit von 4 Tagen (voriges Kapitel) ausschließlich von der Reproduktionszahl bestimmt. In einem zweiten Exkurs wird gezeigt, wie das RKI die Reproduktionszahl berechnet.

1. Exkurs: das exponentielle Wachstum

Das Beunruhigende an der Ausbreitung von Viren und Bakterien liegt darin, dass ihr Wachstum zu Beginn einer Epidemie zumindest näherungsweise **exponentiell** verläuft (dieses exponentielle Wachstum scheint die Bundeskanzlerin geradezu traumatisiert zu haben). Bei einem **linearen** Wachstum wäre der Zuwachs von einer Viren-Generation zur nächsten immer gleich groß, wie das hypothetische Beispiel in der folgenden Tabelle (Spalte 2) zeigt.

Generation	Zahl der Neuinfektionen	
	lineares Wachstum	exponent. Wachstum
1	1.000	1.000
2	5.000	3.300
3	9.000	10.000
4	13.000	36.000
5	17.000	120.000
6	21.000	400.000
7	25.000	1,3 Millionen
8	29.000	4,2 Millionen
9	33.000	14 Millionen
10	37.000	46 Millionen

Tabelle 1: Zahl der Neuinfektionen pro Generation bei linearem Wachstum (Spalte 2) bzw. bei exponentiellem Wachstum (Spalte 3, der angenommene R-Wert beträgt 3,3, der für SARS-CoV-2 vermutete Wert); die Werte in Spalte 3 sind Näherungswerte

Bei linearem Wachstum wächst die Zahl der Neuinfektionen mit jeder Generation um 4.000 Personen, in der zehnten Generation infizieren sich 37.000 Personen. Unglücklicherweise wachsen Infektionszahlen in einer Virus-Epidemie zu Beginn jedoch nicht linear, sondern **exponentiell**. Da jeder Infizierte weitere Personen anstecken kann, wächst die Zahl der Neuinfektionen von Generation zu Generation nicht um eine **konstante Zahl** an Infizierten (wie im gerade berechneten Beispiel), sondern um einen **konstanten Prozentsatz**. Bei einem R-Wert von 3,3 (dem R-Wert von SARS-CoV-2) beträgt dieser Prozentsatz 230% (bei einem R-Wert von 1,3 wären es 30%). Startet das Beispiel wieder bei 1.000 Infizierten (Spalte 3 in Tabelle 1), dann gibt es in der fünften Generation 120.000 Neuinfizierte, und in der zehnten bereits 46 Millionen. In jeder Generation gibt es deutlich mehr Infizierte als in allen vorherigen Generationen zusammen (das gilt für jeden R-Wert ab 2,0).

Der Vergleich der beiden Beispiele zeigt, dass es ganz zu Beginn einer Epidemie keinen großen Unterschied zwischen dem exponentiellen Wachstum und einem linearen Wachstum gibt – bei exponentiellem Wachstum gibt es in der vierten Generation 36.000 Infizierte, bei linearem Wachstum immerhin noch ein Drittel dieses Werts. Wirklich bedeutend wird dieser Unterschied erst später: In der 10. Generation (bei SARS-CoV-2 wird die 10. Generation ungefähr nach sechs Wochen erreicht) gibt es bei linearem Verlauf 37.000 Infizierte, bei exponentiellem Verlauf 46 Millionen. Nach dreißig Generationen (bei SARS-CoV-2 entspricht das ungefähr vier Monaten) ist der Unterschied dann astronomisch: nur 117.000 Infizierte bei linearem Wachstum, aber beim exponentiellen Wachstum (rein rechnerisch)

$$1.000 \times 3{,}3^{29} = \text{ca. 1 Milliarde Milliarde Infizierte } (=10^{18}).$$

Eine beeindruckende Leistung der Viren, die angeblich so klein sind, dass alle SARS-CoV-2-Viren der Welt in eine halbe Cola-Dose passen[182].

Exponentielles Wachstum führt also schon bereits nach wenigen Generationszeiten zu einer sehr hohen Zahl an Infizierten, wenn der R-Wert 3,3 beträgt. Da SARS-CoV-2 laut RKI eine Generationszeit von ca. 4 Tagen hat, gibt es in einem Monat also 7 bis 8 Generationen. Man kann nach den Erfahrungen aus 2020 davon ausgehen, dass **die SARS-CoV-2-Saison** ungefähr von Anfang Oktober bis Ende März dauert, also ca. 6 Monate – ich gehe daher davon aus, dass sie **mindestens 4 Monate** dauert. Der folgenden Tabelle kann man entnehmen, um welchen Faktor sich die Zahl der Neuinfektionen innerhalb eines Monates bzw. innerhalb von 4 Monaten vervielfältigt (bei SARS-CoV-2 entspricht das 7,5 bzw. 30 Generationszeiten), wenn in der gesamten Zeit die Basisreproduktionszahl auf den angegebenen R-Wert gedrückt werden kann.

R-Wert	1 Monat	4 Monate
0,7	0,07	0,00002
1,1	2	17
1,2	4	240
1,3	7	2.600
1,5	20	200.000
2,0	180	1 Milliarde

Tabelle 2: Der Faktor, um den sich die Zahl der Infektionen innerhalb eines Monats (zweite Spalte) bzw. innerhalb von vier Monaten (dritte Spalte) vervielfältigt, in Abhängigkeit vom R-Wert (erste Spalte). Die angenommene Generationszeit beträgt 4 Tage, die angegebenen Zahlen sind Näherungswerte.

Die Zahlen in Tabelle 2 können für das Verständnis der Epidemie und der Lockdowns gar nicht überschätzt werden. Es muss nämlich bereits als gigantischer Erfolg angesehen werden, wenn eine Bevölkerung durch Veränderung ihres Verhaltens den R-Wert eines Virus von 3,3 auf 1,3 senkt – um das zu erreichen, müssen enorme Anstrengungen gemacht werden, und das soziale und wirtschaftliche Leben wird in massiver Weise eingeschränkt. <u>Und trotzdem reicht es nicht</u>, wie die Tabelle zeigt: innerhalb nur eines Monats steigen die Infektionszahlen auf das Siebenfache, und danach explodieren sie. Fällt die Reduktion des R-Werts nur ein wenig geringer aus (R=1,5), steigen die Infektionszahlen innerhalb nur eines Monats auf das Zwanzigfache. Wie soll das nur gutgehen?

Doch selbst die Verringerung auf R=1,0 durch einen Lockdown kann unzureichend sein, wenn zu Beginn des Lockdowns die Infektionszahlen vergleichsweise hoch sind. Diese Situation erlebte Deutschland im November 2020 (ausführlicher beschrieben in Band 7): Zu Beginn des Lockdowns „light" lagen die Neuinfektionszahlen bei knapp 20.000, was auf die Dauer zu mehreren Hundert Todesfällen pro Tag führte. Das war natürlich inakzeptabel, weshalb es Mitte Dezember dann den „harten" Lockdown gab. Das konnte man Anfang November aber bereits voraussagen, denn dass der Lockdown „light" den R-Wert stärker reduzieren würde als der „harte" Lockdown im März 2020, war ja nun wirklich nicht zu erwarten. **Es fehlte ganz einfach mal wieder der Plan.**

Doch selbst wenn es funktioniert hätte, und die 7-Tage-Inzidenz auf den von der Politik erhofften Wert von 50 gesunken wäre (bei einem R-Wert von 0,7 sinken die Neuinfektionen innerhalb eines Monats auf 7 Prozent ihres Ausgangswerts, s. Tabelle 2) – **nach einer nur leichten Lockerung des Lockdowns, die den R-Wert wieder auf 1,3 steigen lässt, dauert es nur einen Monat, und die 7-Tage-Inzidenz steht wieder bei 350.** Und dann gibt es wieder das ewige Gejammere der Kanzlerin, dass die Bevölkerung „das Virus nicht ernst nehme" und nicht „solidarisch" sei. Wie der Plan eines Lockdowns zur Eindämmung eines Virus mit einer Basisreproduktionszahl von 3,3 funktionieren soll, ist in Anbetracht der Zahlen in Tabelle 2 nicht zu erkennen. **Diese Zahlen legen eher nahe, dass es _größenwahnsinnig_ ist, ein Virus mit einer Basisreproduktionszahl von 3,3 über eine volle SARS-CoV-2-Saison mit mindestens vier quälenden Lockdown-Monaten an seiner Ausbreitung hindern zu wollen.**

Abschließend möchte ich noch darauf hinweisen, dass die genannten Werte – insbesondere die 4-Monats-Werte – natürlich **nicht realistisch** sind, weil bei steigender Zahl von Neuinfektionen auch die Zahl der immunen Personen steigt. Das Virus findet also immer weniger empfängliche Personen, die es infizieren kann, was zu einem **steten Sinken des R-Werts** führt (sobald er unter 1,0 sinkt, ist Herdenimmunität erreicht, s. nächstes Kapitel). Dieser Effekt ist jedoch zu Beginn der Epidemie sehr schwach. Zu Beginn des „harten" Lockdowns Mitte Dezember betrug die offizielle Zahl der in Deutschland Genesenen beispielsweise genau eine Million, was weniger als 1,5 Prozent der Bevölkerung entsprach.[183]

Diese Zahl ist viel zu klein, um eine nennenswerte Auswirkung auf den R-Wert zu haben; dies geschieht erst, wenn die Zahl der Neuinfektionen bereits sehr hoch ist (bei einer ungehemmten Grippewelle können das in Deutschland schon mal eine halbe Million Neuinfektionen an einem Tag sein). Bis eine sehr hohe Zahl an Neuinfektionen erreicht ist, vermitteln die Werte in Tabelle 2 daher ein sehr gutes Bild des zu erwartenden Infektionsgeschehens.

2. Exkurs: Die Berechnung der Reproduktionszahl durch das RKI

Aufgrund der hohen Bedeutung der Reproduktionszahl zur Beurteilung des Pandemiegeschehens soll jetzt noch kurz gezeigt werden, wie die Reproduktionszahl vom RKI berechnet wird, das ist nämlich keine Zauberei. Ganz zentral ist dabei jedoch die **Datierung** des R-Werts durch das RKI – und hier zaubert das RKI dann eben doch ein bisschen.

Das RKI hat in einer eigenen Veröffentlichung ausführlich dargelegt, wie es den R-Wert berechnet.[184] Grundlage dieser Berechnung sind natürlich nicht die Meldedaten der Neuinfektionen, die jeden Tag in jeder Zeitung abgedruckt werden, und die dem wahren Infektionsgeschehen um ungefähr zwei Wochen hinterherhinken, sondern die nach dem **Datum des Erkrankungszeitpunktes** angegebenen Neuinfektionen („Tabelle mit Nowcasting-Zahlen"[185]). Die Kenntnis des Datums des Erkrankungsbeginn ist nur dem RKI bekannt, nicht aber der John-Hopkins-Universität **– dies sind die Daten der höchsten Qualität, die es in der Coronakrise gibt.**

Die Berechnung des (einfachen oder „sensitiven") R-Werts aus diesen Daten ist im Grund sehr einfach: Da das serielle Intervall vier Tage dauert (Kapitel 10), werden alle Neuerkrankungen einer 4-Tage-Periode dividiert durch alle Neuerkrankungen in der vorherigen 4-Tage-Periode; der 7-Tage-R-Wert (der „stabile" R-Wert) wird entsprechend berechnet,

indem man alle Neuinfektionen einer 7-Tage-Periode durch alle Neuinfektionen der davorliegenden 7-Tage-Periode dividiert.

Dann muss natürlich noch die Inkubationszeit von 4 bis 6 Tagen berücksichtigt werden. Der so berechnete R-Wert gilt daher nicht für den Tag,
an dem er berechnet wurde, sondern für ein mehrere Tage zurücklie-
gendes Zeitintervall. Der (einfache) R-Wert gilt für eine Zeitspanne, die
8 bis 13 Tage zurückliegt. Das RKI gibt ein konkretes Beispiel: *„Im RKI-
Lagebericht am 15. Mai 2020 bezieht sich der angegebene sensitive R-
Wert auf das Infektionsgeschehen im Zeitraum vom 2. Mai 2020 bis 7.
Mai 2020".*[186] Der Mittelpunkt dieses Intervall liegt am 4./5. Mai, also 10
bis 11 Tage vor dem 15. Mai (den „stabilen" 7-Tage-R-Wert muss man
sogar um 12 Tage zurückdatieren). **Wenn das RKI wirklich „Aufklärung
der Allgemeinheit"** [187] **betreiben würde, würde es seinen R-Wert um
10 bis 11 Tage zurückdatieren und ihn so in die Mitte des Intervalls
setzen, dessen Infektionsgeschehen er beschreibt.**

Diese Irreführung des RKI bei der Datierung des R-Werts hat im Mai
2020 große Bedeutung erlangt, als es um die Bewertung der Notwendigkeit der Lockdown-Maßnahmen ging (Kapitel 3.3, Band 4), denn alle
damals beteiligten Streitparteien haben sich von dieser Falschdatierung
des RKI täuschen lassen.

12. Herdenimmunität

„Wenn wir davon ausgehen, dass sich während der jetzigen Infekti-
*onswelle bis zum Herbst vielleicht **zehn oder 15 Millionen Menschen***
in Deutschland anstecken, dann haben wir auch bald sehr viele
Leute mit Antikörpern. Personen, die immun sind. Da wird es dann
Pflegekräfte und Ärzte geben, die ohne Maske arbeiten. Auch in
anderen Berufsgruppen wird es Leute geben, die sagen: Ich bin da
***durch. Und davon wird es immer mehr geben"** (Prof. Drosten im*
ZEIT-Interview vom 20. März 2020[188], Hervorhebungen von mir).

Diesem Zitat von Prof. Drosten kann man bereits entnehmen, **dass die
Ausbildung von Immunität in einer Bevölkerung bereits von der ersten
immunen Person an sehr positive Konsequenzen hat**, und nicht erst
dann, wenn der Schwellenwert der Herdenimmunität erreicht wird.
Jede Person, die eine Infektion durchgemacht hat und folglich immun
ist, profitiert zum einen natürlich selbst von dieser Immunität (es entfallen alle Vorsichtsmaßnahmen, die vor der Infektion – letztlich vergeblich
– beachtet wurden, wie z.B. die Kontaktbeschränkungen), **zum anderen
profitieren aber auch alle anderen, mit denen Interaktionen stattfinden. Besonders vorteilhaft ist Immunität natürlich für Personen, die
beruflich mit der Risikogruppe zu tun haben – sind sie immun, stellen
sie für ihre Schutzbefohlenen keine tödliche Gefahr mehr da.** Aber
auch im Privaten könnten vor allem alte Menschen natürlich in extremer
Weise von der Immunität von Personen profitieren, die eine Infektion
hinter sich haben und jetzt gefahrlos mit ihnen interagieren können.
Aufgrund dieser extremen Vorteile der Immunität ist es für mich unbe-
greiflich, wie die äußerst primitive Strategie des „Jede Infektion ist zu
viel!" in den Medien und der öffentlichen Meinung so lange als völlig
alternativlos gelten konnte – und als Inbegriff des „altruistischen" und
„solidarischen" Handelns. Ich vertrete hier die Gegenmeinung: **Jeder,
der das Risiko einer Infektion auf sich nimmt, und durch seine dadurch
entstandene Immunität auch alle anderen schützt, ist der wahre Held
der Epidemie** (dass er in der Phase seiner Infektion alle vorgeschriebe-
nen Sicherheitsmaßnahmen beachtet, versteht sich von selbst). Um es
auf den Punkt zu bringen: Wenn der Staat im Sommer 2020 dem

medizinischen Personal der Pflegeheime und Krankenhäuser einen Gratisurlaub zum Ballermann spendiert hätte, dann wären im Herbst und Winter 2020/21 viel weniger Menschen gestorben.

Das Konzept der Herdenimmunität beschäftigt sich mit einem zusätzlichen, sehr wichtigen Aspekt der Immunität: Jede immune Person in einer Population verringert die Ausbreitungsgeschwindigkeit eines Virus – mit zunehmender Verbreitung des Virus sinkt sein R-Wert deshalb kontinuierlich (in gewisser Weise sägt das Virus beständig an dem Ast, auf dem es selber sitzt). Die Ausbreitung des Virus kommt schließlich zu einem Stillstand, wenn der R-Wert unter 1,0 sinkt. Diesen Zustand nennt man (wenig schmeichelhaft) **Herdenimmunität**: Herdenimmunität wird erreicht, wenn sich aufgrund der Zahl der bereits immunen Personen das Virus in der Bevölkerung nicht weiter ausbreiten kann.

Herdenimmunität ist eine tolle Sache: Sobald sie erreicht wird, werden nämlich alle Personen, die sich noch nicht infiziert haben und deshalb auch noch keine Immunität besitzen, <u>durch die Immunität der anderen geschützt</u>. Die Immunität der Personen, die bereits eine Infektion durchgemacht haben, schützt also nicht nur diese Personen und auch ihre Interaktionspartner, sondern führt nach dem Überschreiten der Herdenimmunität sogar zum Aussterben des Virus, wodurch die bisher nicht Infizierten *dauerhaft* geschützt werden. Das zeigt, dass eine Infektion und die darauffolgende Immunität einen <u>stark altruistischen</u> Charakter haben, denn andere profitieren sowohl in der direkten Interaktion, als auch durch die später in der Gesamtbevölkerung entwickelte Herdenimmunität von dieser Immunität. Jeder, der sich infiziert und das Risiko einer schweren Erkrankung auf sich nimmt, hört nach überstandener Krankheit auf, für andere ein potentieller Todesbringer zu sein und schützt daher auch die durch das Virus besonders Gefährdeten. Den Corona-Hysterikern ist es erstaunlicherweise gelungen, diesen extrem bedeutsamen Aspekt des Infektionsgeschehens völlig aus der öffentlichen Diskussion zu verbannen.

Bei hoch ansteckenden Viren wie beispielsweise den Masern, die einen R-Wert von 15 haben, wird Herdenimmunität erst erreicht, wenn praktisch die ganz Bevölkerung infiziert ist, bei dieser Erkrankung profitieren also nur sehr wenige Nicht-Infizierte bzw. Nicht-Geimpfte von der

Herdenimmunität, die durch die Immunität der anderen entsteht. Bei weniger ansteckenden Viren ist das jedoch anders – das R sinkt bereits unter 1,0, lange bevor die gesamte Bevölkerung sich infiziert hat. In Abhängigkeit von der Basisreproduktionszahl lässt sich errechnen, wie groß der immune Anteil der Bevölkerung sein muss, damit die effektive Reproduktionszahl unter 1,0 sinkt.

Die Formel lautet:

$$H = 1 - 1/R_0.$$

Geht man bei SARS-CoV-2 von einem R_0 von 3,3 aus, errechnet sich folgende Schwelle für die Herdenimmunität:

$$H_{SARS-CoV-2} = 1 - 1/3{,}3 = 1 - 0{,}3 = 0{,}7.$$

Es wird also Herdenimmunität erreicht, wenn 70 Prozent der Bevölkerung infiziert wurden und im Anschluss immun sind. Beträgt R_0 nur 2,0, wird Herdenimmunität schon erreicht, wenn die Hälfte der Bevölkerung immun ist. Für $R_0 = 3{,}0$ müssen nur 67 Prozent immun werden, um diese Schwelle zu erreichen.

Diese Berechnung der Herdenimmunität wird aber als zu simpel kritisiert, da sie von einer völlig homogenen Bevölkerung ausgeht. Alle Personen sind in gleicher Weise empfänglich, und alle haben die gleiche Zahl an Sozialkontakten, das sind die Annahmen für die genannte Formel. Die Realität ist natürlich sehr viel komplexer – Menschen unterscheiden sich extrem hinsichtlich ihrer Sozialkontakte im Beruf (Politiker vs. Programmierer) oder im Privaten (feierwütige 20-Jährige vs. menschenscheuer Single). Einige Wissenschaftler haben unter Berücksichtigung dieser großen Heterogenität der Bevölkerung berechnet, dass bei SARS-CoV-2 bereits Herdenimmunität erreicht wird, wenn nur ca. 40 Prozent[189] oder sogar weniger als 20 Prozent[190] der Bevölkerung immun sind. **Der Trick liegt natürlich darin, dass es die Personen mit vielen Sozialkontakten sind, die zuerst immun werden müssen, damit frühzeitig Herdenimmunität erreicht wird.** Unter diesem Gesichtspunkt war es ein großer Fehler, dass im Sommer, als die Infektionszahlen extrem niedrig waren, alles unternommen wurde, damit diese Leute sich **nicht** infizieren – wären sie Anfang Oktober 2020 bereits immun gewesen, hätte es im Oktober einen sehr viel moderateren Anstieg der Fallzahlen gegeben. Aber solche Überlegungen sind für Corona-Hysteriker wohl zu komplex, es gilt immer dieselbe Maxime: „Jede Infektion ist zu viel!"

Das Konzept der Herdenimmunität ist völlig wertneutral, es liefert nur eine Information, der man sich ohnehin beugen muss – früher oder später wird bei Viren mit Basisreproduktionszahlen über 1,0 **immer** Herdenimmunität erreicht. Die Frage ist nur, ob die Herdenimmunität durch natürliche Immunität (nach einer Infektion) oder durch eine Impfung erreicht wird. Das Konzept der Herdenimmunität wurde interessanterweise im Zusammenhang mit Impfungen entwickelt: Die Herdenimmunität gibt die Impfquote an, die man erreichen muss, um die Ausbreitung des Virus einzudämmen, gegen das die Menschen geimpft werden sollen. Für die Masern mit R_0 = 15 muss man nach der obigen Formel eine Impfquote von 93 Prozent erreichen, um die Ausbreitung dieser Krankheit zu verhindern.

Heute erinnert sich niemand mehr daran, aber als erste war es **die Bundeskanzlerin**, die am 10. März 2020 zu Beginn einer Fraktionssitzung die Anwesenden mit der Information schockte, dass sich 60 bis 70 Prozent der Deutschen mit SARS-CoV-2 infizieren werden.[191] Einige Tage später milderte sie diese Aussage ab: Es sei damit zu rechnen, dass sich 60 bis 70 Prozent der Deutschen infizieren würden, *wenn nicht bald eine Impfung entwickelt würde*.[192] Auch der Präsident des RKI, Lothar Wieler, der offensichtlich nicht an die frühzeitige Entwicklung einer Impfung glaubte, hat diese Einschätzung der Kanzlerin zu Beginn der Epidemie bestätigt:

> *„In Deutschland werden sich demnach etwa 50 Millionen Menschen mit dem Virus infizieren, bis die Epidemie vorbei ist. Wann das der Fall sein wird, lässt sich schwer vorhersagen. ´Es gibt schon jetzt zahlreiche Menschen, die sich infiziert haben, einen harmlosen Verlauf hatten und es deshalb nicht gemerkt haben`, sagt Wieler. ´**Je mehr das sind, desto besser**`. Er schätzt, dass es ein bis zwei Jahre dauern wird, bis die 70 Prozent erreicht sind* - *zumal ein langsamer Verlauf derzeit oberstes Ziel ist"*.[193]

Diesem Zitat kann man auch entnehmen, dass bei den Eindämmungsmaßnahmen gegen SARS-CoV-2 von Anfang an nur um das **Verlangsa-
men** ging, und nicht um die völlige Unterdrückung der Ausbreitung und
damit auch der Verhinderung der Herdenimmunität, da waren sich die
Kanzlerin, der Bundesgesundheitsminister und der RKI-Präsident einig:

> *„Klar ist: Das Virus ist in Deutschland und in Europa angekommen.*
> ***Unsere wichtigste Aufgabe besteht jetzt darin, seine Ausbrei-***
> ***tung zu verlangsamen"****, sagte Merkel, die gemeinsam mit Ge-*
> *sundheitsminister Jens Spahn und dem Präsidenten des Robert*
> *Koch-Instituts, Lothar Wieler, in Berlin vor die Presse getreten war.*
> ***„Es geht um das Gewinnen von Zeit und darum, dass wir das Ge-***
> ***sundheitssystem nicht überlasten"****, unterstrich Merkel.*[194]

Im März 2020 wurde von den Entscheidungsträgern also nicht in Frage
gestellt, dass sich mindestens 60 Prozent der Bevölkerung infizieren
würden, es stellte sich nur die Frage, **wie lange** das Erreichen der Herdenimmunität dauern würde: wenige Monate mit starker Überlastung
des Gesundheitssystems oder ein bis zwei Jahre, was die Überlastung
des Gesundheitssystems verhindern würde? Wie viele andere Entscheidungsträger auch, hat die Kanzlerin ihre Meinung bald geändert, und
das Konzept der Herdenimmunität hat eine extreme Abwertung erfahren (Band 4). Nachdem sich zeigte, dass sich die Infektionszahlen unerwartet gut entwickelten, verabschiedete sich die Politik von der Idee,
das Erreichen einer natürlichen Herdenimmunität nur aufzuschieben.
**Das neue Ziel bestand darin, möglichst überhaupt keine Infektionen
zuzulassen und diese Eindämmungsstrategie so lange durchzuhalten,
bis eine Impfung entwickelt wurde: „Jede Infektion ist zu viel!". Die
Bevölkerung wurde über diese extreme Veränderung des Hauptziels in
der Pandemiebekämpfung erstaunlicherweise jedoch nie informiert.**

Durch die Entwicklung von Impfungen (BioNTech/Pfizer, Moderna) ist
klar, dass sowohl die Kanzlerin als auch der Präsident des RKI mit ihrer
Vorhersage unrecht hatten: 60 bis 70 Prozent der Deutschen werden
sich **nicht** mit SARS-CoV-2 infizieren. Wenn sich jedoch nur ca. 30 Prozent der Deutschen impfen lassen, würde das bedeuten, dass sich dann
eben doch immerhin 30 bis 40 Prozent mit SARS-CoV-2 anstecken

werden – denn erst dann wird Herdenimmunität erreicht und die Ausbreitung des Virus kommt zum Stillstand.

Durch die Entwicklung eines Impfstoffes Anfang November 2020 hat die Diskussion, ob man statt der Eindämmungsstrategie der Regierung nicht besser versuchen sollte, nur die gefährdeten Bevölkerungsgruppen zu schützen, im Rest der Bevölkerung aber zügig Herdenimmunität zu erreichen, deutlich an Schärfe verloren. **Man musste ja nur noch einen Winter überstehen.** Da sich aber wahrscheinlich weniger als 70 Prozent der Bevölkerung impfen lassen werden, ist heute schon klar, dass einem großen Teil der Bevölkerung (wenn auch nicht der Mehrheit) die Infektion noch bevorsteht. Damit wird die Diskussion über die **Strategie der Herdenimmunität** also doch nicht aufhören.

Diese Strategie soll hier nur kurz vorgestellt werden, in Band 7 wird sie ausführlicher diskutiert. Sie geht davon aus (wie auch die Kanzlerin und Prof. Wieler zu Beginn der Epidemie), dass es mehr als zwei Jahre dauern wird, bis eine Impfung für alle zur Verfügung steht. Es wird daher versucht, **Herdenimmunität (ca. 70%) mit den Personen zu erreichen, die durch das Virus am wenigsten gefährdet werden und die 10 Prozent am stärksten gefährdeten Personen so gut wie es geht zu schützen** (das bedeutet für diese Personen natürlich eine erhebliche soziale Einschränkung, aber die gab es für sie im Herbst und Winter 2020/2021 ja auch in erheblichem Umfang). Bei SARS-CoV-2 müssten sich also vor allem die über 70-jährigen Männer und die über 80-jährigen Frauen schützen. Da sich das Virus in der restlichen Bevölkerung bekanntermaßen sehr schnell ausbreitet (s. Tabelle 2), wird schnell Herdenimmunität erreicht, wohl spätestens nach 3 Monaten. Ab diesem Zeitpunkt ist auch die Risikogruppe geschützt, da sich das Virus nicht mehr ausbreiten kann.

Es ist jedoch gar nicht erforderlich, dass Herdenimmunität erreicht wird. Wenn sich beispielsweise nur die jüngere Hälfte der Bevölkerung infizieren würde, könnte auf diese Weise **der R-Wert bereits halbiert** werden – zusätzlich wären dann nur noch sehr geringe Anstrengungen erforderlich, um ihn unter 1 zu drücken. Entgegen den ständigen Behauptungen der Corona-Hysteriker wären bei völliger „Durchseuchung" der jüngeren Hälfte der Bevölkerung auch nicht mit einer hohen Zahl an

Todesfällen zu rechnen, sondern nur mit ca. 4.000 – einem Bruchteil der Todesfälle, die es in Deutschland in der Corona-Epidemie tatsächlich gegeben hat (Kapitel 5, Band 4).

Das ist die – in meinen Augen überzeugende – Grundidee der Strategie der Herdenimmunität: Die besonders Gefährdeten werden durch die Immunität der anderen auch geschützt, und müssen dafür nur eine kurze Zeit der sozialen Einschränkung überstehen. Prominentester Vertreter dieser Strategie ist die „Great Barrington Declaration",[195] die inzwischen von **13.600 Wissenschaftlern** aus den Bereichen „Medizin" oder „Public Health" und **41.200 „medical practioners"** unterschrieben wurde (Stand: 06.02.2021). Das „John Snow Memorandum", das sich ausdrücklich gegen die in der *Great Barrington Declaration* vertretenen Ideen wendet, wurde hingegen bisher nur von *„more than **6.900 scientists, researchers and health care professionals"*** unterzeichnet,[196] also <u>**deutlich weniger**</u> (unter ihnen aber auch Prof. Drosten, Prof. Priesemann und Prof. Ciesek, was die größere Popularität des *John Snow Memorandum* in Deutschland erklären dürfte).

Die Corona-Hysteriker haben bezüglich der Strategie der Herdenimmunität gleich **zwei große Erfolge** erzielt: **Zum einen ist es ihnen gelungen, die Strategie so darzustellen, als würde das Leben von alten Menschen den wirtschaftlichen Interessen und dem Egoismus der Starken und Jungen geopfert.** Das <u>**Gegenteil**</u> ist jedoch der Fall: Da es sich ohne Impfung gar nicht verhindern lässt, dass sich 60 bis 70 Prozent der Bevölkerung infizieren, **versucht diese Strategie das Infektionsgeschehen so zu steuern, dass die Alten und Gefährdeten eben <u>nicht</u> infiziert werden und nach relativ kurzer Zeit den Schutz durch die Immunität der anderen genießen.** Welchen Schutz erhielten die alten Menschen in den Pflegeheimen denn im Herbst und Winter 2020/21, muss man die Corona-Hysteriker fragen, die die Idee der Herdenimmunität seit Beginn der Pandemie als etwas moralisch Verwerfliches dargestellt haben (wie beispielsweise Mai Thi Nguyen-Kim in einem Kommentar für die Tagesschau mit einer völlig unangemessenen Polemik, die jede Debatte im Keim ersticken sollte[197] – dafür ist das öffentlich-rechtliche Fernsehen eigentlich nicht gedacht).

Der zweite Erfolg besteht darin, dass der positive Effekt einer erworbenen Immunität in der öffentlichen Diskussion überhaupt nicht vorkommt. Immune Personen stehen der Risikogruppe als gefahrloser Kommunikationspartner zu Verfügung, und einem Pflegeheimbewohner kann nichts Besseres passieren als eine immune Altenpflegerin. Ich habe keinen einzigen Medienbericht gesehen, der diese enormen Vorteile der Immunität auch nur erwähnt hätte. Das Leugnen der Vorteile der immunen Genesenen geht tatsächlich so weit, dass auch nachweislich immune Personen wieder in Quarantäne müssen, wenn sie Kontakt mit einem Infizierten hatten – idiotischer geht es wirklich nicht (das hat inzwischen definitiv eine ideologische Komponente erhalten). Prominentes Beispiel war der frustrierte britische Premierminister Boris Johnson: Er habe zwar Covid-19 vor einigen Monaten durchgemacht, aber es spiele keine Rolle, dass er *„fit as a butcher's dog"* sei und *„bursting with antibodies"* – wenn das britische *Test-and-Trace-Team* jemanden kontaktiere, dann müsse der sich isolieren, sonst bekomme man die Epidemie nun einmal nicht in den Griff.[198] Gegen die Corona-Hysterie kommt auch ein britischer Premierminister nicht an.[199]

13. Superspreader

Der Ausdruck „Superspreader" bezeichnet infizierte Personen, die sehr viele andere Menschen infizieren, von einem „Superspreader-Ereignis" spricht man, wenn sich in einem engen Zeitraum in einem bestimmten Setting sehr viele Menschen anstecken. Die Superspreader sind die Lieblinge der Corona-Hysteriker, weil sie das Infektionsgeschehen auf unerklärliche und unvorhersehbare Weise explodieren lassen können. Prof. Drosten beispielsweise wurde monatelange nicht müde, vor der großen Gefahr durch Superspreader zu warnen[200, 201] und vorzuschlagen, dass jeder ein „Kontakt-Tagebuch" führen solle,[202] um Superspreader-Cluster unverzüglich aufspüren zu können. Nur so könne man die Epidemie eindämmen. Um seine These vom Superspreading zu „belegen", die er monatelang propagierte, musste Prof. Drosten schon in einen Berliner *Nachtclub* einsteigen, gerade noch rechtzeitig vor dem Lockdown.[203] Das Problem mit dieser „Beweisführung" zum Nachweis von Superspreadern: Dass Nachtclubs und Bars zum Superspreading neigen, weiß man schon, seitdem die Après-Ski-Bar „Kitzloch" in Ischgl SARS-CoV-2 über ganz Europa verbreitete (auch nach Island, wo das Ischgl/SARS-CoV-2-Problem zuerst entdeckt wurde). Es steht ja außer Frage, dass Situationen, die durch Nachclubs geschaffen werden (in geschlossenen, engen, sehr schlecht belüfteten Räumen schreien sich viele Menschen aus kürzester Entfernung gegenseitig an, um den extrem hohen Lärmpegel zu übertönen), der Verbreitung von SARS-CoV-2 förderlich sind. Genau deshalb sind Bars und Clubs ja auch im März 2020 auf der ganzen Welt geschlossen worden, was der Aufmerksamkeit von Prof. Drosten offensichtlich entgangen ist.

Um die Bedeutung von Superspreadern für die Verbreitung von SARS-CoV-2 nachzuweisen, müsste schon gezeigt werden, dass sie auch in den ganz normalen Situationen des Alltags auftreten, wie beispielsweise unter den üblichen Arbeitsbedingungen im Büro, oder beim Einkaufen, oder im öffentlichen Nahverkehr. Eine methodisch hervorragende Studie aus Singapur[204] widerlegt die Superspreader-These jedoch: Die 1.114 Indexpatienten der Studie hatten über mindestens 30 Minuten in 346 Gruppen engen Kontakt mit insgesamt 3.508 Personen. Trotz des engen Kontakts mit durchschnittlich 10 Personen pro Gruppe gab **es in**

über 90 Prozent dieser Gruppen keine einzige Infektion. Wenn andere infiziert wurden, war das meistens nur **eine einzige** Person (in 26 Gruppen), in 6 Gruppen wurden zwei andere Personen infiziert, und in 2 Gruppen drei. **Diese Zahlen sind mit der These des Superspreadings nicht vereinbar, denn wäre diese These korrekt, hätten sich in einer Minderheit der Gruppen sehr viele Personen anstecken müssen (also 5 bis 10) – das geschah aber in keiner einzigen Gruppe.** Diese Forschungsergebnisse, die mit allen anderen mir bekannten Studienergebnissen in Übereinstimmung stehen, widerlegen die These des Superspreadings in sozialen Situationen.

Auch die Corona-Hysteriker *in den Medien* haben eine große Vorliebe für die Superspreader, weil sie die Epidemie unkontrollierbar machen. *„Jeder könnte Superspreader sein"* warnte die ZEIT beispielsweise ihre Leser.[205] In diesen Artikeln findet sich dann meist die Beschreibung mehrerer Superspreader oder Superspreader-Events, in denen (angeblich) sehr viele Menschen in sehr kurzer Zeit infiziert wurden. Da diese Berichte aber aus der ganzen Welt zusammengesucht wurden, und in den meisten Fällen nicht geklärt wird, wie viele der infizierten Personen nicht schon vor dem Ereignis infiziert waren, beweisen all diese Berichte *gar nichts – natürlich* kommen bei weltweit inzwischen 100 Millionen Infizierten an manchen Orten auch mal mehrere gleichzeitig zusammen.

Wer sich jedoch die Mühe macht, die umfangreiche Fachliteratur zu den sogenannten „Ausbrüchen" durchzuarbeiten, findet weder Superspreader noch Superspreader-Events. Was die Person des „Superspreaders" angeht: Natürlich unterscheiden sich Infizierte darin, wie hoch die Virenlast ist, die sie ausscheiden. Es gibt aber keine Menschen, die so viele Viren ausscheiden, dass über die Aerosole auch Personen infiziert werden, die mit ihnen nur kurze Zeit im selben Raum verbracht haben. **In der bereits beschriebenen Studie aus Singapur wurden beispielsweise alle Kontaktpersonen von Infizierten aus den Analysen eliminiert, die mit der Indexperson weniger als 30 Minuten ohne Sicherheitsabstand verbracht hatten – weil es hier nämlich praktisch keine Infektionen gab (a.a.O., S.3). <u>Kein einziger Superspreader in Singapur!</u>**

Zum selben Ergebnis kommt eine Studie über die ersten Covid-19-Fälle in Deutschland beim bayerischen Autozulieferer Webasto.[206] Anstekkungen gab es ausschließlich bei den „high-risk"-Kontakten, also bei einem mindestens 15-minütigen Gespräch. Unter den 108 Kontakten, die dieses Kriterium nicht erfüllten, gab es nicht eine einzige Übertragung von SARS-CoV-2. **Kein einziger Superspreader bei Webasto!** Wie Prof. Drosten dieses Ergebnis seiner eigenen Studie (er war Mitautor) mit seinem Konzept des Superspreadings vereinbaren will, muss er noch erläutern.

Wenn es zu großen Ausbrüchen kommt, geschieht das immer in Institutionen, in denen viele Menschen auf relativ engem Raum über längere Zeit zusammenleben — auf Kreuzfahrschiffen, in Gefängnissen oder in fleischverarbeitenden Betrieben, deren Arbeiter in Gemeinschaftsunterkünften wohnen. In allen mir bekannten Studien zu „Ausbrüchen" von Covid-19 spielen private Partys, Hochzeiten u.ä. nur eine verschwindend geringe Rolle.

Leider. **Denn der wichtigste Ort für Covid-19-Ausbrüche waren in Deutschland *eben nicht* die privaten Partys oder die Hochzeiten, sondern die Pflege- und Altenheime**, wie das RKI berichtete.[207] Das RKI listete in dieser Veröffentlichung akribisch alle Ausbrüche mit mindestens drei Fällen auf, die sich in Deutschland **bis zum 11. August 2020** ereignet hatten. In der Kategorie „über 50 Infektionen" nannte das RKI insgesamt nur 148 Ausbrüche (S.8). **Erschreckenderweise ereigneten sich von diesen „Mega-Ausbrüchen" 55 in Pflege- und Altenheimen, 4 in Seniorentagesstätten und 13 in Krankenhäusern** (dort dürften die alten Menschen ebenfalls in der Mehrzahl sein), **aber nur 4 in der Kategorie „Freizeit"**. Fast die Hälfte aller Mega-Ausbrüche in Deutschland ereigneten sich also in Institutionen, die von alten, sehr alten und sehr kranken Menschen aufgesucht werden, um die Unterstützung und die Hilfe zu erhalten, auf die sie wegen ihrer Bedürftigkeit angewiesen sind. Und genau dort infizierten sie sich mit SARS-CoV-2, wie es im März 2020 schon die alten Menschen in Norditalien getan hatten (Kapitel 17). **Nichts hatte sich geändert.**

Die Altersgruppen, bei denen die Infektionen am stärksten über „Ausbrüche" verliefen, also die größeren Cluster von Infektionen, sind die **über 90-Jährigen (55%)** und die **80-89-Jährigen (37%)**, die damit noch vor den 20-29-Jährigen liegen (34%; Tabelle 1 des RKI-Berichts). Mit ihren atemlosen Berichten über die letzte Superspreader-Hochzeit oder -Party wiederholen die Medien nur immer wieder das altbekannte Narrativ der Politik, dass es das hedonistische und egoistische Verhalten von feierwütigen jungen Leuten ist, das die Epidemie antreibt und das man nur mit einem Lockdown unter Kontrolle bringen kann. **<u>Gleichzeitig wird geschickt von dem eigentlichen Schauplatz des Superspreadings abgelenkt: den Pflege- und Altenheimen und den Krankenhäusern</u>**.[208] Und eben weil diese Strategie so erfolgreich war, und kaum jemand auf die Pflege- und Altenheime schaute, starben in Deutschland ab Oktober 2020 wieder so viele alte Menschen.

14. Saisonalität

In der Coronakrise passierten in Deutschland viele bizarre und unverständliche Dinge, die mit dem gesunden Menschenverstand nicht erklärbar sind. Der klare Spitzenreiter in dieser Liste ist für mich die Schließung der Schulen Mitte März 2020, für die es nicht einen einzigen Grund gab (Kapitel 6, Band 4; der fehlende Schutz der Pflegeheime war nicht „bizarr" oder „unverständlich", sondern *kriminell*, weshalb er nicht in diese Liste gehört). Aber schon an zweiter Stelle kommt die völlige Missachtung der starken Saisonalität der Coronaviren, die zu einer völlig fehlgeleiteten Politik in den Monaten April bis August 2020 führte, und zu einer Verkennung der wahren Einflussfaktoren für den Rückgang der Infiziertenzahlen im März 2020 (Kapitel 8, Band 4). Die Folgen dieser Fehleinschätzung, die bis heute nicht vollständig korrigiert wurde, prägten die Politik auch während der zweiten und dritten Welle.

Die Missachtung der starken Saisonalität von SARS-CoV-2 ist aus mehreren Gründen völlig unverständlich. Einmal ist die starke Saisonalität der „alteingesessenen" Coronaviren nicht nur seit langem erforscht und der Wissenschaft bekannt, sondern auch **jedem Kinderarzt**: Die grüne Rotze, die den Kindern im Winter aus der Nase läuft, *das* sind Coronaviren! Und jeder Kinderarzt weiß auch, dass die Coronaviren-Saison ungefähr von November bis März dauert. Warum gingen die Politiker dann davon aus, dass es bei einem zwar neuartigen, aber in zentralen Merkmalen seinen Verwandten sehr ähnlichen Coronavirus SARS-CoV-2 *keinen* starken saisonalen Effekt gibt?

Dies ist umso unverständlicher, als die meisten respiratorischen Viren nicht das ganze Jahr über in gleicher Stärke auftreten, was nun wirklich zur allgemeinen Lebenserfahrung gehört. In den gemäßigten Breiten Europas beginnt beispielsweise die Grippesaison im November oder Dezember, und endet meist im März. Die Grippesaison beginnt jedes Jahr in Portugal und Spanien, zieht dann über Mitteleuropa und erreicht zuletzt Russland. Als Gründe für dieses stark saisonale Auftreten der Influenzaviren im Winter und ihr Verschwinden im Sommer (auch ohne irgendwelche Maßnahmen der Sozialen Distanzierung) werden verschiedene Faktoren genannt: das UV-Licht tötet die Viren ab;[209]

Influenzaviren sind in kalter und trockener Luft stabiler; die Schleimhaut der oberen Atemwege ist bei trockener Luft (in geheizten Innenräumen im Winter) anfälliger für Infektionen; die Menschen halten sich im Sommer weniger in beengten und schlecht belüfteten Innenräumen auf, sondern draußen an der frischen Luft, wo die Virenlast sehr viel kleiner ist; das Immunsystem ist im Sommer ganz allgemein leistungsfähiger. Diese Gründe klingen zwar plausibel, können aber zum Beispiel nicht erklären, warum in den tropischen Breiten *immer* Grippesaison ist (einer dieser Gründe liegt in der Luftfeuchtigkeit: Coronaviren werden bei einer relativen Luftfeuchtigkeit von 40-60 Prozent deaktiviert, sie fühlen sich sowohl bei niedrigerer als auch bei höherer relativer Luftfeuchtigkeit sehr wohl[210]). Die Saisonalität der Grippeviren in den gemäßigten Breiten ist daher nicht vollständig geklärt.

Man muss aber auch nicht jedes Phänomen erklären können, oft reicht es aus, ein Phänomen einfach nur **zu kennen**. Wenn man die Saisonalität von SARS-CoV-2 vorhersagen will, macht es Sinn, nach der Saisonalität der bereits bekannten Coronaviren zu fragen. Eine große Studie (über drei Jahre wurden insgesamt 7.383 Patienten untersucht) aus dem Jahr 2010 hat die Saisonalität der vier lange bekannten Coronaviren 229E, HKU1, OC43 und NL63 erforscht[211] und kam zu einem eindeutigen Ergebnis: *„Ganz allgemein zeigen die Coronaviren eine stark ausgeprägte Winter-Saisonalität zwischen den Monaten Dezember und April und **treten in den Sommermonaten nicht auf, was vergleichbar ist mit dem Muster der Influenzaviren**"* (S.1, Übersetzung und Hervorhebung von mir). **Bereits im Jahr 2010 war es wissenschaftlich bewiesen: Coronaviren unterliegen einem starken saisonalen Muster.**

Zu praktisch demselben Ergebnis kommt eine neue Studie der Universität Michigan (2020) zu den „etablierten" Coronaviren:[212] **97,5 Prozent aller durch diese Viren ausgelösten Infektionen traten zwischen Dezember und Mai auf, <u>nur 2,5 Prozent zwischen Juni und September</u>,** die höchste Zahl an Infektionen gab es im Januar und Februar. Die Autoren dieser Studie weisen zwar darauf hin, dass es nicht sicher sei, dass SARS-CoV-2 sich genauso verhalte wie die anderen Coronaviren. Die Deutlichkeit der Saisonalität dieser „etablierten" Coronaviren ist aber ein starker

Beleg für die Richtigkeit der Vermutung, dass auch SARS-CoV-2 ein saisonales Virus ist.

Diese These wurde von einer weiteren Studie geprüft.[213] Die Wissenschaftler untersuchten, wie sich die Aufnahmen aufgrund von Coronaviren in einem Krankenhaus für Kinder und Jugendliche zeitlich über das Jahr verteilten. Sie kamen zu dem Ergebnis, dass **die Aktivität der Coronaviren in den Monaten Juni bis September im Vergleich zum Winter um mindestens 99 Prozent reduziert war, also praktisch bei null lag. Sie vermuten, dass SARS-CoV-2 einem ähnlichen Muster folgt** (*„the implication would be that SARS-CoV-2 may follow a similar pattern"*, S.2). In Deutschland hat sich diese Vorhersage (die am 20. Mai 2020 veröffentlicht wurde) im Herbst 2020 bestätigt, die Zeit der Inaktivität des Virus war jedoch um einen Monat zum Jahresanfang hin verschoben (also Mai bis August). **Ansonsten eine ziemlich gute Vorhersage – das sollte man mal mit den zahlreichen „Projektionen" der Modellierer vergleichen (Band 4)!**

Die schlechte Nachricht aus der Studie: Auch diese Wissenschaftler fanden heraus, dass der Höhepunkt der Aktivität der menschlichen Coronaviren im Januar lag, begünstigt durch niedrige relative Luftfeuchtigkeit in geschlossenen Räumen. Gegenüber diesem Höhepunkt war die Zahl der Erkrankungen Anfang März bereits um 50 Prozent reduziert, und 75 Prozent Anfang April. Nach Ansicht der Wissenschaftler ist vor allem die **relative Luftfeuchtigkeit** in den Räumen entscheidend, die Ende April sehr viel höher ist als im Januar. **Wenn sich diese Zahlen auf SARS-CoV-2 übertragen lassen, dürfte die Aktivität des Virus Anfang Januar doppelt so stark sein wie im März 2020 zu Beginn der Coronakrise** (ob das im Januar 2021 wirklich so war, ist aufgrund des harten Lockdowns schwer zu überprüfen). Wenn der SARS-CoV-2-Zyklus insgesamt um einen Monat „nach vorne" verschoben ist, würde die stärkste Aktivität schon im Dezember stattfinden. Das hätten die Politiker beachten sollen, die Anfang November 2020 der Meinung waren, ein Lockdown Light würde dazu führen, dass es an Weihnachten keine Beschränkungen mehr geben würde – ein weiterer Beweis ihrer totalen Ahnungslosigkeit.

Im Sommer 2020 hatte man eine weitere Gelegenheit, die Stärke der Saisonalität von SARS-CoV-2 zu überprüfen. *Es gibt nämlich auch auf der*

Südhalbkugel Länder, die in gemäßigten Zonen liegen! Den deutschen Wissenschaftlern ist das wohl unbekannt, weshalb diese Analyse meines Wissens hier zum ersten Mal durchgeführt wird: Laut Wikipedia handelt es sich bei diesen Ländern vor allem um Argentinien, Chile, Südafrika und Neuseeland. Neuseeland hat das Virus erfolgreich ausgerottet, in den drei anderen Länder gab es ab Anfang Mai (Chile) bzw. Anfang Juni 2020 (Südafrika und Argentinien) einen starken Anstieg der Infektionszahlen.

Das würde für einen Beginn der SARS-CoV-2 Saison in Europa im November oder Dezember sprechen, was eine große Übereinstimmung mit dem saisonalen Muster der anderen Coronaviren bedeuten würde. Dabei muss man jedoch bedenken, dass es in diesen drei Ländern harte Lockdowns gab – in Argentinien wohl den härtesten und längsten Lockdown überhaupt. Der „Coronavirus Government Response Stringency Index" [214] gab Chile Anfang Mai 2020 einen Wert von 73, Südafrika einen Wert von 83 und Argentinien einen Wert von 89 (die Skala geht von 0 bis maximal 100, zum Vergleich: Deutschland hatte auf diesem Index Anfang April 2020 einen Wert von 77 und im Teil-Lockdown ab dem 02.11.2020 einen Wert von 59) – mit großer Wahrscheinlichkeit haben diese Lockdowns den Anstieg der Infektionszahlen verzögert (aber offensichtlich nicht aufgehalten). Während die Infektionszahlen in Chile (ab Mitte Juni) und Südafrika (ab Ende Juli) wieder stark abfielen, sanken sie in Argentinien erst seit dem 20. Oktober (möglicherweise ist auch diese Verzögerung eine Folge des besonders harten Lockdowns). **Die Entwicklung des Infektionsgeschehens in Südamerika bestätigt also die Vermutung, dass die Saison von SARS-CoV-2 im November beginnt und im März oder April endet**, wobei unklar ist, wie stark der Lockdown in diesen Ländern das Infektionsgeschehen verzögert hat.

Es gab also zwei sehr starke Hinweise auf eine starke Saisonalität von SARS-CoV-2, die für jeden interessierten Laien unübersehbar waren – die starke Saisonalität der anderen humanen Coronaviren und die Entwicklung des Infektionsgeschehens auf der Südhalbkugel. Die Saisonalität der anderen Coronaviren war bereits vor dem Beginn der Krise bekannt – hätte man die Saisonalität des Virus bereits im März 2020 richtig eingeschätzt, hätte die Politik sehr viel weniger panisch reagiert. Ein befreundeter Epidemiologe war mit mir schon im Februar 2020 einer Meinung, dass das SARS-CoV-2 zu keinem besseren Zeitpunkt nach Deutschland hätte kommen können als zum Ende der Corona-Saison. Doch weder in den Regierungskreisen noch in den Medien wurde eine mögliche Saisonalität des Virus auch nur in Betracht gezogen (vor dem Bayerischen Verwaltungsgerichtshof hat die bayerische Staatsregierung die Saisonalität des Coronavirus ausdrücklich in Frage gestellt, das sei „pure Spekulation").

Das verwundert umso mehr, als der wichtigste Berater der Regierung, Prof. Drosten, der sich seit Jahren auf Coronaviren spezialisiert hat, sogar eine Studie kannte, die den saisonalen Effekt von SARS-CoV-2 auf ein R von 0,5 schätzte.[215] Prof. Drosten bezeichnet diesen Effekt als „schwach". Mir ist es unverständlich, warum ein solcher Effekt „schwach" sein soll, denn wenn man zu dem R-Wert von 0,8, den es im Sommer lange gab, 0,5 hinzuaddiert, kommt man auf 1,3 – und der aufmerksame Leser weiß, dass ein R-Wert von 1,3 nach wenigen Wochen ins Verderben führt (Kapitel 11). Warum Prof. Drosten diese Schlussfolgerung nicht zog, ist mir ein Rätsel – die Folgen für den Herbst, in dem der R-Wert tatsächlich auf ca. 1,3 stieg, lagen doch auf der Hand.

Warum haben die Experten diesen Effekt der Saisonalität bei der Interpretation des Infektionsgeschehens im Sommer nicht berücksichtigt? Manche Experten haben zwar mit düsteren Worten vor einer zweiten Welle im Herbst gewarnt, aber nicht einer hat umgekehrt im Sommer **Entwarnung** gegeben. Keiner hat darauf hingewiesen, dass man sich wegen SARS-CoV-2 im Sommer keine Sorgen machen muss, weil das Virus auch ohne Gegenmaßnahmen einfach verschwindet – wie die anderen Coronaviren und die Influenzaviren halt auch. Prof. Drosten hat ganz im Gegenteil für den Sommer 2020 die eigentliche Welle vorausgesagt: In seinem Podcast vom 9. März 2020 sagte er: *„Wir müssen damit rechnen, dass ein Maximum von Fällen in der Zeit von Juni bis August auftreten wird".*[216] Eine bizarre und folgenschwere Fehleinschätzung des wichtigsten Beraters der Kanzlerin.

Die Saisonalität eines Virus hat immer zwei Seiten: Im Herbst steigen die Zahlen fast unaufhaltsam (noch nie hat die Menschheit versucht, im Winter eine Grippewelle aufzuhalten!), im Frühling fallen sie aber auch, und im Sommer sind sie praktisch verschwunden. Es ist daher inkonsistent, vor einer zweiten Welle im Herbst zu warnen und **gleichzeitig** bezüglich des Infektionsgeschehens im Sommer zu großer Vorsicht zu raten, wie das die meisten deutschen Experten im Sommer 2020 taten (Kapitel 3.3, Band 4).

15. Die Dunkelziffer

In den Statistiken der täglichen Neuinfektionen des RKI oder der John-Hopkins-Universität werden gewissenhaft alle Personen aufgeführt, die ein positives PCR-Testergebnis erhalten haben. In den Medien werden diese Zahlen fast immer so behandelt, als würden diese Statistiken die gesamte Zahl der Neuinfektionen anzeigen, aber das stimmt natürlich nicht, denn ein unbekannter Teil der Infizierten erhält nie ein positives PCR-Testergebnis. Dies ist gemeint, wenn von der „Dunkelziffer" oder von „Untererfassung" die Rede ist.

Die Frage nach der Dunkelziffer ist für die Einschätzung der Bedrohung durch SARS-CoV-2 von entscheidender Bedeutung: Um das Letalitätsrisiko im Falle einer Infektion errechnen zu können, muss der Anteil der Verstorbenen an *allen* Infizierten berechnet werden – dazu muss man aber die genaue Zahl der tatsächlich Infizierten kennen.

Zu Beginn der Epidemie war der führende deutsche Test-Experte, Prof. Drosten, sehr zufrieden mit der deutschen Teststrategie. Er war der Überzeugung, dass Deutschland früher und umfangreicher getestet habe als andere Länder, und war daher zuversichtlich, dass ein großer Teil der Infektionen entdeckt wurde. Am 20. März – drei Tage vor dem Lockdown – gab er in einem ZEIT-Interview folgende Einschätzung ab:

> *„Sicher haben wir in dieser ersten Phase auch Fälle verpasst, das ist immer so. **Aber ich glaube nicht, dass wir ein größeres Ausbruchsgeschehen übersehen haben.** Für diese These spricht auch, dass wir die Fälle in Deutschland erwartungsgemäß ansteigen sehen. Aber wir sehen auch, dass wir weniger Todesfälle haben als andere Länder. **Man könnte also denken, dass wir nicht allzu weit entfernt von der Gesamtheit der Fälle sind"*.[217]

Das war eine erstaunlich optimistische Einschätzung, denn selbst wenn der PCR-Test so perfekt beim Aufspüren von Infektionen wäre, wie Prof. Drosten immer behauptet, gäbe es immer noch einen zweiten Grund, warum ein mit SARS-CoV-2 Infizierter kein positives Testergebnis erhält: **Er hat gar keinen Test gemacht.** Aber warum macht jemand keinen Test, obwohl er infiziert ist? Der wichtigste Grund wird sein, dass er nichts von seiner Infektion weiß, **weil er gar keine Symptome entwickelt, also gar nicht erkrankt.** Das *Center of Disease Control* (das amerikanische RKI) schätzt den Anteil der asymptomatischen Infizierten auf 40 Prozent (Kapitel 3), fast jeder zweite Infizierte weiß also gar nichts von seiner Infektion. Da in Deutschland seit Beginn des Herbstes 2020 (fast) nur noch Personen mit Grippesymptomen getestet wurden,[218] gab es kaum noch eine Chance, dass ein asymptomatisch Infizierter getestet wurde und so in die Statistik der Neuinfektionen einging – im Frühling 2020 war das nicht anders.

Es gibt aber noch weitere Gründe dafür, dass ein Infizierter keinen Test macht. Viele Personen, die nur leichte oder milde Symptome Erkältungssymptome haben,

-   scheuen den Aufwand des PCR-Tests (das hätte sich sofort geändert, wenn die Politik es im Herbst und Winter 2020/21 zugelassen hätte, dass jeder zu Hause einen Antigen-Schnelltest durchführt),

-   sie bekommen während der Zeit, in der sie Symptome haben, keinen Testtermin,

-   sie wollen sich wegen eines kleinen Schnupfens nicht isolieren, bis das Testergebnis nach vielen Tagen endlich Gewissheit bringt, oder

-   sie wollen sich selbst dann nicht isolieren, wenn ihr Testergebnis positiv ist. Die Zahl dieser Personen ist während der zweiten Welle im Herbst 2020 mit Sicherheit stark gestiegen.

Wie groß der Anteil der Infizierten ist, die aus einem dieser Gründe keinen Test macht, können nur große Antikörperstudien herausfinden. In diesen *Seroprävalenzstudien* werden die Teilnehmer einer möglichst großen und möglichst repräsentativen Stichprobe darauf getestet, ob sie Antikörper gegen SARS-CoV-2 ausgebildet haben (was beweisen würde, dass sie eine Infektion durchgemacht haben). Dann muss man die Probanden nur noch danach befragen, wie viele von ihnen ein positives Testergebnis erhalten hatten – und schon kennt man die Dunkelziffer. Oder man setzt den Anteil der Probanden der Stichprobe, die

Antikörper ausgebildet haben, in Relation mit dem Anteil der Bevölkerung, der jemals ein positives PCR-Testergebnis erhalten hat – und schon kennt man die Dunkelziffer. Wenn beispielsweise 10 Prozent der Studienteilnehmer Antikörper aufweisen, in der Gesamtbevölkerung aber nur 1 Prozent der Personen jemals ein positives Testergebnis erhalten hat, dann haben die PCR-Tests offensichtlich nur jeden zehnten Infizierten erfasst.

Antikörperstudien haben jedoch ihre eigenen Tücken: Es gibt große Unterschiede zwischen den Patienten, wann Antikörper gebildet werden und wann sie wieder abgebaut werden (Kapitel 9). Testet man zu früh, haben manche Patienten noch gar keine Antikörper entwickelt, testet man zu spät, haben manche Patienten (vor allem die leicht Erkrankten und die asymptomatisch Infizierten) schon so niedrige Level, dass die Antikörper nicht mehr nachweisbar sind. Hinzu kommt, dass es mehrere Arten von Antikörpern gibt (IgG, IgA und IgM), und nicht jeder Patient jede Form der Antikörper ausbildet. Wenn in einer Studie nicht auf alle drei Typen getestet wird, bleiben viele Infektionen unentdeckt.

Es gibt also zahlreiche Möglichkeiten, wie Antiköperstudien die Zahl der tatsächlich Infizierten **unterschätzen** können.[219] Nachweislich gibt es viele Probanden mit T-Zellen-Reaktionen gegen SARS-CoV-2 (ein Beleg für eine durchgemachte Infektion), bei denen keine Antikörper nachgewiesen werden können.[220]

In **Deutschland** wurde schon im April 2020 eine Antikörperstudie durchgeführt, die Universität Bonn (Leiter der Studie: Prof. Streeck) testete einen großen Teil der Bevölkerung von Heinsberg, dem ersten großen deutschen Hotspot der Epidemie, mit Antikörpertests.[221] Das wichtigste Ergebnis: 15 Prozent der Probanden hatten Antikörper gegen das SARS-CoV-2 entwickelt. **Diese Zahl lag 5-mal so hoch wie die Zahl der durch PCR-Test bestätigten Fälle**, es hatten also nur 20 Prozent der Infizierten einen PCR-Test gemacht.

Bereits Ende März 2020 gab der bayerische Ministerpräsident dem Tropeninstitut der Ludwig-Maximilian-Universität in München den Auftrag, eine große und repräsentative Antikörperstudie durchzuführen, die ersten Ergebnisse sollten im Juni berichtet werden. Doch während Prof.

Streeck nur wenige Wochen brauchte, um Zwischenergebnisse vorzulegen, ist dies dem Tropeninstitut München erst nach sieben Monaten gelungen. Das Geld (eine Million Euro!) hatte das Institut jedoch schon am 21. März 2020 von der bayerischen Staatsregierung erhalten...[222]

Im Dezember 2020 glückte dann endlich die Veröffentlichung der Ergebnisse:[223] 1,8 Prozent der Probanden hatten demnach Antikörper entwickelt, während der Prozentsatz der durch PCR-Test bestätigten Covid-19-Fälle im gleichen Zeitraum in München nur 0,4 Prozent betrug. **Die Zahl der tatsächlich Infizierten lag also 4,5-mal so hoch wie die Zahl der Personen mit einem positiven PCR-Testergebnis** (nach Korrektur für die fehlende Repräsentativität). Dieses Ergebnis ist fast identisch mit dem Resultat der Streeck-Studie.

Mir ist eine einzige **Metastudie** bekannt, die sich ausschließlich der Aufklärung der Dunkelziffer und der Prävalenz von Covid-19 in der Bevölkerung widmete (und die keine Erkenntnisse über die Letalität anstrebte): Chinesische Forscher fassten die Ergebnisse von 178 serologischen Studien zusammen, die bis zum 28. August 2020 veröffentlicht worden waren.[224] **Sie fanden heraus, dass die Zahl der Personen, die eine SARS-CoV-2-Infektion durchgemacht hatten, durchschnittlich 9,7 Mal so hoch war wie die Zahl der mit PCR-Test bestätigten Fälle.** Diese Quote war über viele Gegenden der Welt sehr konstant. Das Center of Disease Control schätzt demzufolge die Relation aufgrund der gesichteten Literatur auf 1:11.[225]

Bezüglich der Dunkelziffer gibt es eine weitere Schwierigkeit: Die Relation zwischen „tatsächlich Infizierten" und „mit PCR-Test bestätigten Fällen" kann **stark schwanken**. Sie wird von der Zahl der durchgeführten Tests beeinflusst (je mehr Tests durchgeführt werden, desto kleiner wird die Dunkelziffer), von der Teststrategie (wenn ein Großteil der Tests für Screenings beim medizinischen Personal in Pflegeheimen und Krankenhäusern eingesetzt wird, ist die Dunkelziffer sehr viel höher, als wenn nur symptomatische Patienten getestet werden), oder auch von der Häufigkeit, mit der andere respiratorische Erkrankungen auftreten, deren Symptome von Covid-19 nicht unterschieden werden können (wenn es neben Covid-19 keine anderen respiratorischen Erkrankungen gibt, sinkt die Dunkelziffer natürlich). Die Dunkelziffer ist daher die große Unbekannte, die die Erfassung des Infektionsgeschehens und damit auch Bestimmung der Letalität von Covid-19 deutlich erschwert.

16. Letalität

„Hinzu kommt, dass die Rechtfertigung für verschiedene nicht-pharmakologische Gesundheitsmaßnahmen [gemeint ist der Lockdown; Anm. von mir] ganz wesentlich von der Letalität [von SARS-CoV-2] abhängt. Einige invasive Interventionen, die möglichweise zu erheblichen Kollateralschäden führen, dürften eher als verhältnismäßig angesehen werden, wenn die Letalität hoch ist. Umgekehrt dürften dieselben Maßnahmen unterhalb der Schwelle eines als angemessenen angesehenen Verhältnisses von Nutzen und Risiko liegen, wenn die Letalität niedrig ist"* - John Ioannidis[226] (Übersetzung von mir).

Die entscheidende Eigenschaft von SARS-CoV-2 ist seine Letalität, also der Anteil der Infizierten, die an Covid-19 versterben (ein anderer Ausdruck für Letalität ist *Infektionssterblichkeit,* englisch *infection fatality rate,* abgekürzt IFR). **Nur weil die Letalität des von SARS-CoV-2 viel höher als die der Grippe eingeschätzt wird, werden zur Eindämmung des Coronavirus Maßnahmen umgesetzt, die bei der Bekämpfung einer Grippewelle niemals in Erwägung gezogen wurden.** Alle „drakonischen" Maßnahmen wie Ausgangssperren, Kontakteinschränkungen und die Schließungen von Restaurants, Bars und Läden des Einzelhandels hängen vollständig von der vermuteten Letalität des Virus ab — wäre das Virus nicht tödlicher als eine „normale" Grippe, verlören all diese Maßnahmen ihre Verhältnismäßigkeit und wären damit rechtswidrig (diese Auffassung vertreten auch die deutschen Verwaltungsgerichte, auf deren Rechtsauffassung es letztlich ankommt[227, 228, 229]).

Es ist daher sehr erstaunlich, dass die Letalität von SARS-CoV-2 seit Beginn der Epidemie eine so geringe Rolle im öffentlichen Diskurs spielt. Es fängt schon damit an, dass das RKI bis heute keine einzige Schätzung der Letalität veröffentlicht hat — es beschränkte sich lange darauf, jeden Tag auf der ersten Seite des „Lageberichts" die *Fallsterblichkeit (case fatality rate,* abgekürzt CFR) zur veröffentlichen, die um den Faktor 5 bis 10 höher liegt als die Letalität (die Fallsterblichkeit erhält man, indem man die Zahl der Todesfälle durch die Zahl der durch PCR-Test *bestätigten Fälle* dividiert wird, die Dunkelziffer bleibt unberücksichtigt) – inzwischen wird aber auch diese Kennziffer nicht mehr veröffentlicht. Das RKI geht inzwischen aber noch einen Schritt weiter und macht selbst die Berechnung der Fallsterblichkeit für die unterschiedlichen Altersgruppen unmöglich, da es zwar die Todesfallzahlen nach Altersgruppen differenziert mitteilt, *aber seit Monaten nicht mehr die Infektionszahlen.* Ganz offensichtlich will das RKI nicht, dass die Bevölkerung erfährt, wie niedrig die Fallsterblichkeit für Personen unter 50 Jahren ist. Das ist nicht die „Aufklärung der Allgemeinheit", die § 3 Infektionsschutzgesetz vom RKI verlangt.

Auch in den Medien spielt die Letalität praktisch keine Rolle. Sie haben es schon früh geschafft, die Zahl der Neuinfektionen von der Letalität zu entkoppeln. Deshalb wird seit Beginn der Epidemie nur von den Infektionen geredet, und praktisch nie von der Letalität. **Wer weiß schon, dass von den Personen, die sich vom 6. April bis zum 19. April mit SARS-CoV-2 infizierten (und deren Infektion mit einem PCR-Test bestätigt wurde), 7% (!) an Covid-19 verstarben, aber nur etwas mehr als durchschnittlich 1% der bestätigten Fälle, die es zwischen dem 15. Juni und Ende November 2020 gegeben hat**[230]**? Es blieb in der Öffentlichkeit weitgehend unbemerkt, dass innerhalb weniger Monate die Fallsterblichkeit deutlich sank.** Das wird nur verständlich vor dem Hintergrund der Corona-Hysterie der Medien, die nur schlechte Nachrichten zulässt.

Die Todesfallzahlen und die Letalität von Covid-19, die sich aus den vom RKI veröffentlichten Daten für Deutschland seit Beginn der Epidemie ergeben, werden erst unten in Kapitel 5, Band 4 dargelegt. Hier beschränke ich mich darauf, die Ergebnisse der wichtigsten Studien vorzustellen, die während der ersten Welle die Letalität von SARS-CoV-2 erforschen wollten.

Die Letalität von Covid-19 wird errechnet, indem die Zahl der Todesopfer durch die Zahl der Infizierten dividiert wird. Das klingt einfacher, als es ist, denn sowohl die Bestimmung der korrekten Zahl der Todesfälle als auch der Infizierten bereitet einige Probleme. Seit Beginn der Epidemie herrscht Uneinigkeit darüber, wann ein Verstorbener als „coronabedingter Todesfall" zu gelten hat – dies betrifft die Frage, ob ein Patient „an" oder „mit" Covid-19 verstorben ist. Wenn ein herzkranker, auf

100

SARS-CoV-2 positiv getesteter Patient an einem Herzinfarkt stirbt, geht er nach den – die Krankenhäuser verpflichtenden – Vorgaben des RKI selbst dann als „coronabedingter Todesfall" in die Statistik ein, wenn er gar keine Grippesymptome hatte, er also asymptomatisch war. Dadurch wird die Zahl der Todesfälle durch das Virus natürlich **über**schätzt.

Andererseits gibt es aber auch Patienten, die an den Folgen einer Covid-19 sterben, ohne jemals auf SARS-CoV-2 getestet worden zu sein, was zu einer **Unter**schätzung der Sterbefälle durch Covid-19 führt. Sehr groß kann dieser Effekt jedoch nicht sein, da die Exzess-Mortalität (Übersterblichkeit) zumindest während der ersten Welle **geringer** war als die offizielle Zahl der Covid-19-Todesfälle.[231]

Es ist mir unmöglich zu schätzen, welcher der beiden Effekte größer ist, die Überschätzung oder die Unterschätzung. **Ich gehe daher ganz salomonisch davon aus, dass die Angaben des RKI zu den Todesfällen durch Covid-19 *korrekt* sind** – damit ist dieses heiß umstrittene Thema auf pragmatische Weise erledigt.

Die Frage nach der Zahl der Infizierten ist leider nicht so leicht zu beantworten, wie Kapitel 15 gezeigt hat. Da nur ein kleiner Teil der Infizierten einen PCR-Test macht, liegen die wahren Infiziertenzahlen weit über der Zahl der „bestätigten Fälle" – aus diesem Grund wurden seit Beginn der Pandemie überall auf der Welt Seroprävalenzstudien (Antikörperstudien) durchgeführt. Die wichtigsten Ergebnisse einiger dieser Studien möchte ich im Folgenden vorstellen.

Zwei in Deutschland durchgeführte Antikörperstudien wurden bereits im letzten Kapitel erwähnt, beide weisen erhebliche Schwächen auf: Die Heinsberg-Studie war sehr klein (insgesamt gab es nur sieben Todesfälle, ein einzelner Todesfall hatte folglich großen Einfluss auf die Letalität), und sie wurde in einem *Hotspot* durchgeführt, also in einem Gebiet, in dem es ungewöhnlich viele Infektionen gab. Beide Faktoren verringern die Generalisierbarkeit der Ergebnisse ganz erheblich. Die Münchener Studie des Tropeninstituts hat den großen Nachteil, dass sie erst 8 Monate nach ihrem Start veröffentlicht wurde.[232] Eine Studie, die so lange braucht, bis ihre Ergebnisse veröffentlicht werden (trotz des enormen Interesses der Öffentlichkeit an diesen Ergebnissen!) leidet ganz offensichtlich an schwerwiegenden Problemen. Hinzu kommt, dass die bayerische Staatsregierung der Auftrags- und Geldgeber war, die Resultate und insbesondere ihre Interpretation sollten daher mit Vorsicht aufgenommen werden.

Man muss sich das mal klarmachen: In Deutschland wurde innerhalb der ersten acht Monate der Epidemie keine einzige repräsentative Studie zur Letalität von SARS-CoV-2 veröffentlicht. Und über eine Kohortenstudie, wie sie Experten seit Beginn der Epidemie fordern,[233] denkt an offizieller Stelle niemand auch nur nach. Das RKI hätte solche Studien längst durchführen und veröffentlichen müssen, das Institut kommt in der Coronakrise seinen fundamentalen Verpflichtungen nicht nach.

Trotz der erheblichen Schwächen der beiden genannten Studien sollen ihre Resultate berichtet werden: Die Heinsberg-Studie schätzt die Gesamt-Letalität auf **0,36%**,[234] die Münchener Studie schätzt sie etwas höher auf **0,47%** [235](über diesen niedrigen Wert wird man in der bayerischen Staatskanzlei nicht erfreut gewesen sein, da er natürlich die Verhältnismäßigkeit des Lockdowns in Frage stellt – ob die Veröffentlichung der Ergebnisse deshalb erst im Dezember 2020 erfolgte?). In beiden Studien scheinen institutionalisierte Personen nicht berücksichtigt worden zu sein, in der Münchener Studie fehlten auch alle Kinder unter 14 Jahren.

Um noch einige weitere, internationale Studien zu erwähnen: Das Imperial College veröffentlichte am 16. März 2020 einen Artikel, der Europa letztlich den Lockdown beschert hat (Kapitel 2.2, Band 4), in diesem Artikel gingen die Forscher von einer Letalität von **0,9** aus. Nur zwei Wochen später veröffentlichten sie jedoch eine Studie, in der die Letalität in China auf **0,66%** geschätzt wird.[236] Bereits Ende März wusste man also, dass die Letalität des Coronavirus sehr viel niedriger lag als die im Februar noch geschätzten 3,4% der WHO[237] – leider wurde dieser Erkenntnisfortschritt von den Medien lange nicht mitgeteilt.

Die Pandemie erreichte New York zwei Wochen nach Bayern, aber bereits **im April 2020** stellte Gouverneur Cuomo der Öffentlichkeit die vorläufigen Ergebnisse einer Seroprävalenzstudie vor.[238] Das Ergebnis: Die Letalität lag in New York trotz der sehr hohen Infektionsraten in den

Krankenhäusern und Pflegeheimen und der angeblichen Überforderung des Gesundheitssystems **nur bei 0,5%**. Dieses Resultat hat die Corona-Hysteriker natürlich geschockt, weshalb es in Deutschland komplett ignoriert wurde.

Für die Schweiz fand eine Studie[239] eine Letalität von unter **0,01%** für Personen unter 50 Jahren (das RKI gibt diesen Wert im „Steckbrief" mit 0,1% zehnmal so hoch an, S.9; Stand: Oktober 2020), **0,14%** für Personen von 50 bis 64, und **5,6%** für Personen über 64. Die Gesamtletalität wird mit **0,64%** angegeben. Die Forscher sorgen sich jedoch darum, dass bei den nur leicht oder symptomatisch Erkrankten die Antikörperbildung sehr kurz sein könnte, was zu ihrer Untererfassung in der Studie geführt hätte. Die in der Studie genannten Letalitäten bilden daher die **Obergrenze** für die tatsächliche Letalität.

Island – Island macht alles richtig,[240] Island weiß alles (*Kinder stecken keine Erwachsenen an*), in Island stirbt kaum jemand an Covid-19: Eine Studie, an der offensichtlich ein großer Teil der isländischen Bevölkerung mitwirkte (ca. 80 Autoren werden namentlich genannt, und am Ende der Liste steht „et al.") berechnete eine Letalität von **0,3%**.[241] Die Forscher weisen darauf hin, dass erst zwei Monate nach dem PCR-Test die größte Zahl an Antikörpern gemessen wurde – da die Münchener Studie bereits im April mit den Tests begann, dürfte diese Studie manche Infektionen (noch) nicht erfasst haben, die in dieser Studie berechnete Letalität ist daher wahrscheinlich zu hoch.

Es ist inzwischen allgemein bekannt, dass ein großer Teil der Todesfälle die Bewohner von Pflegeheimen und Altersheimen betrifft (Kapitel 17 und Kapitel 7, Band 4). Da diese sehr kleine Bevölkerungsgruppe so stark von Covid-19 betroffen ist, **würde es Sinn machen, sowohl die Todesfälle als auch die Letalität für diese Gruppe getrennt von der Gesamtbevölkerung zu erfassen und mitzuteilen** (was das RKI natürlich verweigert, sonst würde die Öffentlichkeit noch merken, welcher Horror Anfang November 2020 in den Pflegeheimen entfesselt wurde). Mir ist eine einzige repräsentative Studie bekannt, die institutionalisierte Personen (also Bewohner von Altersheimen, Pflegeheimen, Gefängnissen oder Asylanten-Unterkünften) ausschloss, also nur den *„community-dwelling"* Teil der Bevölkerung erfasste. Die Stichprobe war für die

Bevölkerung der gesamten USA **repräsentativ**[242] (das sollte das RKI mal nachmachen!). Die wichtigsten Ergebnisse: Für die weiße Bevölkerung berechneten die Forscher eine Letalität von **0,18%,** für alle anderen durchschnittlich 0,59%. Die Letalität wird für die über 60-Jährigen als **2,5-mal so hoch wie bei der Grippe** eingeschätzt (S.3).

Mir sind zwei **Metastudien** zum Thema Letalität bekannt, die nach dem Durchlaufen eines Peer-Review-Verfahrens veröffentlicht wurden: Die erste wurde im Auftrag der WHO von John Ioannidis durchgeführt, angeblich einem der 10 meistzitierten Wissenschaftler der Welt, und am 14. Oktober 2020 veröffentlicht.[243] In diese Metastudie gingen 61 Antikörperstudien zur Prävalenz von SARS-CoV-2 ein. Die zweite wurde von australischen Forschern durchgeführt und hatte ein strengeres Auswahlverfahren, sie analysierte nur 19 Seroprävalenzstudien, von denen die meisten in Europa und den USA durchgeführt worden waren[244] (die Streeck-Studie konnte übrigens die Auswahlverfahren *beider* Studien erfolgreich bestehen).

Die wichtigsten Ergebnisse der beiden Metastudien: Die WHO-Publikation nennt für alle Seroprävalenzstudien eine durchschnittliche Letalität von **0,27 %,** während die australischen Forscher für die serologischen Studien eine durchschnittliche Letalität von **0,60 %** angeben (S.143), also einen mehr als doppelt so hohen Wert. Dieser Unterschied löst sich jedoch bald auf, denn Ioannidis gibt auch die durchschnittliche Letalität für alle Länder an, die mehr als 500 Tote pro eine Million Einwohner zu beklagen haben (dazu gehören die meisten europäischen Länder und inzwischen auch Deutschland), und die liegt mit **0,57 %** deutlich höher. Beide Studien kommen also bezüglich der europäischen Länder zu fast identischen Ergebnissen.

Wenn man aus all diesen Studien eine Schätzung für die **<u>Letalität von Covid-19 in Deutschland</u>** während der ersten Welle abgeben müsste, würde man wohl **<u>einen Wert zwischen 0,5 % und 0,6 %</u>** schätzen, oder – mit größerem Konfidenzintervall – zwischen 0,4 % und 0,8 %. Es ist sehr unwahrscheinlich, dass der wahre Wert der Letalität außerhalb dieses Intervalls liegt. Und schätzen **muss** man diese Zahl, denn das RKI hat keine große repräsentative Seroprävalenzstudie durchgeführt, und auch die Universitäten und die „vier großen außeruniversitären Forschungs-

institutionen“ (Max-Planck-Gesellschaft, Helmholtz-Gesellschaft, Leib-
niz-Gesellschaft und die Fraunhofer-Gesellschaft) hatten leider Besseres
zu tun.

17. Die wirklichen Schauplätze des Kampfes gegen SARS-CoV-2: die Krankenhäuser und die Pflegeheime

In den Pflegeheimen und den Krankenhäusern kommen gleich drei unheilvolle Faktoren zusammen:

a) Das Virus kann sich in diesen beiden Institutionen besonders schnell ausbreiten, **der R-Wert des Virus ist hier besonders hoch**. Das hat vor allem zwei Gründe: Schwer Erkrankte stoßen eine größere Virenlast aus als nur milde Erkrankte, und es gibt einen deutlich engeren Kontakt zwischen Pflegepersonal und Patienten als in „normalen" sozialen Situationen.

b) In Krankenhäusern gibt es naturgemäß **besonders viele und besonders schwer erkrankte Covid-19-Patienten**. Durch die häufigen Kontakte von Pflegeheimbewohnern mit medizinischen Einrichtungen ist die Gefahr deutlich erhöht, dass das Virus von Bewohnern, die im Krankenhaus behandelt wurden, auch in die Pflegeheime eindringt. Ein solcher Fall wurde in Hong Kong dokumentiert.[245] **Für Deutschland scheinen weder von den Einrichtungen selbst, noch von den Gesundheitsämtern, noch von Forschungsinstitutionen (Max-Planck-Gesellschaft? Helmholtz? Leibniz? die Universitäten?) Daten zu dem Infektionsgeschehen in Pflegeheimen und Krankenhäusern erhoben zu werden – einer der großen Skandale der Corona-Epidemie.**

c) Die Bewohner von Pflegeheimen werden durch das Virus **extrem gefährdet**, weil sie sehr alt und meistens auch sehr krank sind, und auch die in den Krankenhäusern Behandelten sind nicht nur krank, sondern im Durchschnitt auch sehr viel älter als die gesunden Personen in der Bevölkerung. Alter und Vorerkrankungen sind aber die mit Abstand wichtigsten Risikofaktoren bei Covid-19 (Kapitel 5).

Das Zusammentreffen dieser drei Faktoren macht die Pflegeheime und die Krankenhäuser zum eigentlichen Schauplatz der Auseinanderset-

zung mit dem Virus. Wenn der Kampf gegen das Virus auf diesen beiden Schauplätzen verloren wird, gibt es eine Katastrophe. In Kapitel 4.7, Band 4 wird gezeigt, dass diese Katastrophe auch in Deutschland während der ersten Welle nicht verhindert wurde.

Exemplarisch für die Bedeutung der Krankenhäuser und Pflegeheime ist die Entwicklung der Corona-Pandemie in **New York**: Die Krankenhäuser waren völlig unvorbereitet und begannen viel zu spät, das medizinische Personal mit Masken und Schutzkleidung zu versorgen. Das Ergebnis: Am 25.04.2020 berichtete CNN über **ein großes Krankenhaus in New York, in dem sich über die Hälfte des medizinischen Personals infiziert hatte,** und in den anderen Krankenhäusern wird die Situation nicht anders gewesen sein. Man kann sich vorstellen, wie viele Patienten, die aus einem anderen Grund als Covid-19 dieses Krankenhaus aufsuchten, dort vom medizinischen Personal infiziert wurden. In dem Bericht wurde diese Information übrigens nicht so dargestellt, dass das medizinische Personal für die Patienten eine Bedrohung darstellte, sondern das heldenhafte Opfer des Personals im Dienste der Patienten stand im Vordergrund. Mit einer solchen Einstellung löst man das Problem sicher nicht.

Nachdem in New York die Krankenhäuser zu Virenschleudern geworden waren, fehlte nur noch eine Anordnung des Governors Cuomo, um den Horror auch in die Pflegeheime zu tragen. Da die Krankenhäuser an ihrer Kapazitätsgrenze arbeiteten (keine Wunder, wenn praktisch jeder, der in das Krankenhaus kam, dort mit SARS-CoV-2 infiziert wurde), verpflichtete der Gouverneur die Pflegeheime, die überlebenden, noch infektiösen Heimbewohner wieder aufzunehmen, obwohl die Heime auf Covid-19 noch schlechter vorbereitet waren als die Krankenhäuser. Das führte dann dazu, dass New York während der ersten Welle eine der höchsten Covid-19-Letalitätsraten der Welt hatte (über 1.700 Todesfälle auf eine Million Einwohner am Ende der ersten Welle; zum Vergleich: In Deutschland waren es am 30. Juni 2020 125 Todesfälle). Um sein Versagen beim Schutz der Pflegeheime zu vertuschen, ließ der Gouverneur die Fakten manipulieren und rechnete die Zahl der Todesopfer in den Pflegeheimen klein (das RKI macht in seinen „Täglichen Lagebericht" im Prinzip jeden Tag dasselbe). Das ging so lange gut, bis die New Yorker Staatsanwaltschaft Ermittlungen durchführte und zu dem Ergebnis kam, dass die wahren Zahlen um 40 bis 100 Prozent höher lagen, als von den Behörden angegeben worden war, was für Cuomo schnell zu einem handfesten politischen Skandal wurde.[246, 247] In Deutschland würde eine staatliche Behörde natürlich niemals zu einem Ergebnis kommen, das die Politik der Regierung in Frage stellen würde, deshalb war es der Universität von Bremen vorbehalten, den wahren Anteil der Pflegebedürftigen an allen Corona-Todesfällen herauszufinden (Kapitel 7, Band 4)

In der **Lombardei** in Norditalien mit dem Hotspot Bergamo entwickelte sich die Covid-19-Katastrophe ganz ähnlich, hier fungierten jedoch nicht in erster Linie die Krankenhäuser als Virenschleudern, sondern die ambulant arbeitenden Ärzte. Deutschland hat 34 Intensivbetten auf 100.000 Bürger, Italien aber nur 8,6.[248] Bei der Versorgung der Covid-Patienten war Norditalien daher auf die Versorgung der Patienten zu Hause angewiesen, die durch die ambulanten Ärzte gewährleistet wurde. Die Versorgung dieser Ärzte mit Schutzkleidung war jedoch völlig inadäquat: Jeder Arzt erhielt nur 10 Masken und Handschuhe, andere Schutzkleidung gab es nicht. *„In Betracht unseres engen Kontaktes mit den Patienten war das offensichtlich nicht der korrekte Weg, uns zu schützen"* sagte eine der Ärztinnen.[249] Hinzu kam, dass aufgrund der geringen Testkapazitäten nur schwer Erkrankte getestet wurden, nicht aber die infizierten Ärzte, die daher nichts von ihrer Infektion wussten. So haben sie weitergearbeitet und dabei Patienten angesteckt, die sie aus anderen Gründen behandelten (a.a.O.). Am 8. März traf dann die Regierung die Entscheidung, zur Entlastung der Krankenhäuser die Verlegung von Patienten in die Pflegeheime zu veranlassen, obwohl diese für die Pflege von Covid-Patienten noch schlechter ausgerüstet waren.

Die Vereinigung der Ärzte der Lombardei hat am 7. April 2020 in einem offenen Brief diese Missstände angeprangert, und dabei das fehlende Testen des medizinischen Personals, das Fehlen von angemessener Schutzkleidung und das Fehlen von Daten über die Ausbreitung des Virus als wichtigste Gründe für die katastrophale Entwicklung in der Lombardei genannt (mit über 1.700 Todesfällen auf einer Million Einwohner erreicht die Lombardei dieselbe Mortalitätsquote wie New York).

Diese Berichte der Ärzte werden durch die Zahlen bestätigt: In Italien sind bis Ende April 150 Ärzte an Covid-19 gestorben (a.a.O.). Zum Vergleich: In Deutschland hat es unter allen in Krankenhäusern beschäftigten Personen (Ärzte und Pflegepersonal) bis Dezember 2020 nur 29 Todesfälle gegeben.[250] **Das ist wahrscheinlich der größte Unterschied zwischen Deutschland und den Ländern, in denen es während der ersten Welle sehr hohe Todesraten gab: Das medizinische Personal war vor einer Infektion besser geschützt als in Italien oder New York, und daher wurden in den Krankenhäusern (für die Arztpraxen gilt dasselbe, nicht aber für die Pflegeheime) sehr viel weniger Patienten vom medizinischen Personal angesteckt.**

Es stimmt jedoch nicht, dass Norditalien zu spät auf die Coronakrise reagiert hätte, wie das von Prof. Drosten immer wieder behauptet wurde. Italien war das erste Land Europas, das schon am 31. Januar Flugreisen aus China untersagte.[251] Bereits am 24. Februar verhängten Pflegeheime einen Besuchsverbot – einen vollen Monat vor Deutschland. Bereits am 22. Februar, als es in Italien erst 132 Covid-19-Infizierte gab, wurden 10 norditalienische Städte unter Quarantäne gestellt,[252] und auch der Lockdown erfolgte in der Lombardei zwei Wochen früher als in Deutschland. **<u>Ein Lockdown hilft aber nicht viel, wenn das medizinische Personal bereits infiziert ist oder sich nicht gegen Infektionen schützen kann.</u>** In einer solchen Situation ist ein Lockdown der hilflose Aktionismus der Politik, die nicht weiß, wie sie das Problem in den Griff bekommen soll, die aber dennoch Stärke zeigen will. Am 21. März 2020 wiesen die Ärzte eines Krankenhauses in Bergamo auf dieses Grundproblem hin:

> *„Uns fehlen die Fachkenntnisse für die Bedingungen einer Epidemie, die uns helfen würden, besondere Maßnahmen zur Vermeidung fehlerhafter Verhaltensweisen zu ergreifen. **Zum Beispiel haben wir inzwischen gelernt, dass Krankenhäuser die zentralen Covid-19-Überträger sein könnten,** da sich viele Infizierte dort aufhalten, was die Übertragung auf nicht-infizierte Patienten erleichtert. Patienten werden über das regionale System transportiert, was ebenfalls zur Ausbreitung der Krankheit beiträgt, da Ambulanzen und das medizinische Personal schnell zu*

*Überträgern werden. Viele Mitarbeiter des medizinischen Perso-
nals sind asymptomatische Virenträger oder auch erkrankt, ohne
dass dies Beachtung findet"* [253] (Übersetzung von mir).

Diese Definition des Problems hat mit Problemdefinition der deutschen
Politik und ihre Berater fast nichts gemein, denn der Fokus der deutschen Politik ist ausschließlich auf die Eindämmung der Epidemie in der
Gesamtbevölkerung gerichtet, während Krankenhäuser und Pflegeheime praktisch keine Rolle spielen. Ein Symbol für diesen **falschen Fokus** der Politik ist die **Überwachung der Maskenpflicht**: In den Fußgän-
gerzonen, Lebensmittelläden, dem Öffentlichen Nahverkehr gelingt
diese Überwachung tadellos, während es eine solche externe Kontrolle
in den Krankenhäusern und Pflegeheimen **nicht gibt**.

Die Ärzte des Krankenhauses in Bergamo leiteten aus ihrer Sichtweise
des wichtigsten Problems in der Corona-Pandemie folgende naheliegen-
den Empfehlungen ab:

> ***„Der Schutz des medizinischen Personals in Krankenhäusern soll-
> te hohe Priorität besitzen. Keine Kompromisse sollten bei der Be-
> achtung der Vorschriften gemacht werden.*** *Maßnahmen zur Ver-
> hinderung von Infektionen sollten in massiver Form umgesetzt
> werden, an allen Orten und auch in den Ambulanzen"* [254] (Über-
> setzung von mir).

In Italien hat das während der ersten Welle offensichtlich nicht funktioniert: 9 Prozent aller Infizierten gehörten zum medizinischen Personal[255]
– man kann sich vorstellen, wie viele der anderen 91 Prozent vom medizinischen Personal infiziert wurde, und wie viele Personen aus der Risikogruppe darunter waren.

**Diese Fakten lassen nur einen Schluss zu: Die gesellschaftlichen An-
strengungen bei der Bekämpfung von SARS-CoV-2 sollten sich vor allem auf die wirklichen Schauplätze des dieses Kampfes konzentrieren:
die Pflegeheime und die Krankenhäuser.**

Das wurde auch vom RKI bereits frühzeitig erkannt. In einer Veröffentlichung vom 19. März 2020 (drei Tage vor dem Lockdown-Beschluss der Ministerpräsidentenkonferenz) heißt es:

> *„Besonders betroffen von schweren Erkrankungen durch SARS-CoV-2 sind ältere Menschen und Personen mit chronischen Grundkrankheiten. Daher sind Maßnahmen zum Schutz dieser vulnerablen Gruppen von besonderer Bedeutung. **Hieraus folgt, dass Ausbrüche von Covid-19 in Einrichtungen der Altenpflege oder Krankenhäusern besonders gravierende Folgen haben. Daher stehen diese zunehmend im Mittelpunkt der Arbeit der Gesundheitsämter. Gleichzeitig müssen an diese Einrichtungen hohe Anforderungen zur Verhinderung des Eintrags von SARS-CoV-2 gestellt und das medizinische Personal besonders vor Erkrankungen geschützt werden“*.**[256]

Warum aber hat die Politik weder während der ersten Welle noch im Sommer und Herbst 2020 diese Forderung des RKI umgesetzt? Weil in den Computersimulationen der beratenden Wissenschaftler weder Pflegeheime noch Krankenhäuser vorkommen? Da diese Berater die entscheidenden Orte des Epidemiegeschehens völlig außer Acht ließen, verschwanden sie offensichtlich auch vom Radar der Politiker. Wenn aber die Berater nur auf die Infektionszahlen in der Gesamtbevölkerung schauen, weil ihre Modelle so simpel sind, dass sie die gesamte Bevölkerung nur als homogene Masse wahrnehmen, und nur Maßnahmen simulieren, die unterschiedslos die ganze Bevölkerung treffen, dann werden auch die Politiker keine Maßnahmen in Erwägung ziehen, die nur dem Schutz der Risikogruppe dienen (Kapitel 2 und 4 in Band 4).

Und genau das geschah sowohl zu Beginn der Epidemie als auch während der zweiten Welle im Herbst und Winter 2020/21 – **entgegen dem ausdrücklichen Rat des RKI und auch des Nationalen Pandemieplans** (Kapitel 15, Band 3).

18. Zusammenfassung der wichtigsten Fakten und einige Empfehlungen

Zum Abschluss sollen die wichtigsten Fakten des ersten Bandes zusammengefasst werden.

1) Der mit weitem Abstand wichtigste Übertragungsweg von SARS-CoV-2 ist die **Tröpfcheninfektion**. Wenn Aerosole eine wichtige Rolle spielen würden, hätten sich in der Vergangenheit in vielen Situationen (zum Beispiel im öffentlichen Nahverkehr vor der Einführung der Maskenpflicht) sehr viel mehr Menschen infiziert.

2) Die mit weitem Abstand wichtigste Situation für die Übertragung von SARS-CoV-2 ist das **Sprechen ohne Maske und ohne Sicherheitsabstand**.

3) FFP2-Masken reduzieren die vom Träger ausgeschiedene Virenlast um 95 Prozent.

4) Die große Mehrheit der Übertragungen ereignet sich **in den Haushalten**.

5) Unter Berücksichtigung der Dunkelziffer ergibt sich, dass in der ersten Welle **95 Prozent aller Infektionen milde oder symptomlos** verliefen. 4 Prozent verliefen moderat oder schwer, und ungefähr ein Prozent aller Erkrankten musste auf der Intensivstation behandelt werden.

6) Der mit Abstand wichtigste **Risikofaktor** ist das **Alter** – 99,4 Prozent aller Todesfälle während der ersten Welle gab es in der älteren Hälfte der Bevölkerung, nur 0,6 Prozent in der jüngeren. Auch das **Geschlecht** ist ein wichtiger Risikofaktor: Männer sterben doppelt so häufig an Covid-19 wie Frauen. Die bekannten weiteren Risikofaktoren (schwere Nierenerkrankung, Schlaganfall, Demenz, schwerer Diabetes, schwere Lebererkrankung, eine im letzten Jahr diagnostizierte Krebserkrankung, respiratorische Erkrankungen) erhöhen das Letalitätsrisiko auf höchstens das 2,5-Fache – junge

Menschen, die an diesen Erkrankungen leiden, gehören daher **nicht zur Risikogruppe**, denn ihr Risiko steigt nur von 0,00004 auf 0,0001.

7) Für Deutschland kann aus Seroprävalenzstudien für die erste Welle eine **Letalität von ungefähr 0,6 Prozent** geschätzt werden.

8) SARS-CoV-2 scheint einer mindestens mittelstarken **Saisonalität** zu unterliegen: Von Mitte April bis Mitte September ist die Aktivität des Virus in den gemäßigten Breiten stark reduziert.

9) Der **PCR-Test weist extreme Schwächen** auf: Vor Symptombeginn, wenn die Infektiosität am größten ist, erkennt er maximal 30 Prozent aller Infektionen, andererseits ist das Testergebnis oft noch positiv, wenn der Patient schon lange nicht mehr infektiös ist; die Mitteilung des Testergebnisses dauert eine Ewigkeit; die deutsche PCR-Test-Kapazität liegt bei zwei Prozent der Bevölkerung in der Woche – das reicht im Winter noch nicht einmal, um nur die symptomatischen Patienten zu testen; der Test ist sehr teuer. Die **besten Antigentests** reichen bezüglich Sensitivität und Spezifität an den PCR-Test heran, und auf das Testergebnis muss man nur 30 Minuten warten; der Test kann ohne Qualitätsverlust auch als Selbsttest durchgeführt werden, wie man bereits seit März 2020 weiß. **Der massenhafte Einsatz der Antigen-Tests (vor allem in den Pflegeheimen und den Krankenhäusern, aber nicht nur dort) im Herbst und Winter 2020/21 hätte der Epidemie einen ganz anderen Verlauf gegeben** – es ist dem Versagen der Politik geschuldet, dass dies nicht geschah.

10) **Das RKI datiert den R-Wert falsch**, denn der vom RKI berechnete R-Wert beschreibt ein Infektionsgeschehen, das bereits 10 bis 11 Tage zurückliegt.

11) Ein R-Wert von 1,3 führt innerhalb eines einzigen Monats zu einem Anstieg der Infektionszahlen auf das **Siebenfache**, also beispielsweise von einer Inzidenz von 35 auf eine Inzidenz von 245.

12) Während der ersten Welle wurden **nur 20 Prozent aller Infektionen entdeckt** – dies ist einer von vielen Gründen, warum die Kontakt-

nachverfolgung der Gesundheitsämter keinen wahrnehmbaren Beitrag zur Eindämmung der Epidemie leisten kann.

13) Zahlreiche Forschungsergebnisse sprechen dafür, dass nach einer Infektion eine stabile und robuste **Immunabwehr** aufgebaut wird, die mindestens zwei Jahre anhält.

14) **Superspreading** findet fast ausschließlich in Pflegeheimen und Krankenhäusern statt, außerhalb dieser Institutionen spielt es bei der Verbreitung von SARS-CoV-2 nur eine unbedeutende Rolle.

15) Die entscheidenden Schauplätze des Kampfes gegen SARS-CoV-2 sind die **Pflegeheime und die Krankenhäuser**: Wenn der Kampf dort verloren wird, gibt es sehr viele Todesfälle. Der Staat sollte daher bei seinen Bemühungen um den Schutz der Gesundheit und des Lebens seiner Bürger den Fokus auf diese Institutionen richten.

Am Ende dieses Bandes noch einige konkrete **Empfehlungen** (bis auf die erste basieren alle auf wissenschaftlich sehr gut gesicherten Erkenntnissen):

- Jeder sollte sein persönliches Risiko anhand der in Tabelle 2 (Band 4) dargestellten altersabhängigen Letalitäten berechnen. Das würde zu einem rationaleren Umgang mit dem Virus führen.

- Wer mit Personen der Risikogruppe kommuniziert, muss eine FFP2-Maske tragen – in diesem Punkt darf es keinen Kompromiss geben.

- Jeder, der grippeähnliche Symptome hat, sollte entweder in Isolation gehen (das machten während der zweiten Welle wohl nur noch wenige), oder seine Kontakte auf das absolute Minimum reduzieren und in allen Sprechsituationen eine FFP2-Maske tragen, bis ein negatives Testergebnis vorliegt.

- Wer die Epidemie eindämmen möchte, sollte in allen Sprechsituation eine Maske tragen. In *allen* – also auch zu Hause, denn die meisten Übertragungen finden in den Haushalten statt.

- Die inzwischen als Selbsttests zur Verfügung stehenden Antigen-Tests sollten intensiv genutzt werden, und zwar nicht nur von den Corona-Hysterikern. Häufiges Selbst-Testen − bei Auftreten von grippeähnlichen Symptomen oder vor dem Treffen mit besonders gefährdeten Personen sollte es verpflichtend sein − könnte einen entscheidenden Beitrag zur Eindämmung der Pandemie leisten (es ist unverständlich, warum diese Selbsttests nicht schon seit April 2020 zugelassen sind).

- Im Winter sollte die relative Luftfeuchtigkeit in geschlossenen Räumen zwischen 40 und 60 Prozent liegen, und es sollte eine normale Raumtemperatur eingehalten werden.[257]

- **Um einem schweren Verlauf von Covid-19 vorzubeugen, kann man nur drei Dinge tun**: a) soziale Kontakte ganz vermeiden, b) in Sprechsituationen immer eine Maske tragen bzw. Abstand halten (das vermindert die Virenlast und führt auch im Falle einer Infektion zu einem milderen Verlauf der Erkrankung) und c) regelmäßig Vitamin D einnehmen[258, 259] − ein ganz wichtiges Mittel zur Stärkung der Immunabwehr im Winter, vor allem für alte Menschen.

Inhaltsverzeichnis der anderen Bände

Band 4   Die erste Welle

Einleitung

Band 5   Das Versagen der Gerichte

Einleitung

Referenzen

[1] RKI, Täglicher Lagebericht vom 20. März 2020, S.1;
https://www.rki.de/DE/Content/InfAZ/N/Neuartiges_Coronavirus/Situations-berichte/2020-03-20-de.pdf?__blob=publicationFile

[2] https://interaktiv.morgenpost.de/corona-virus-karte-infektionen-deutsch-land-weltweit/ , Stand: 20. März 2020, Quelle: John-Hopkins-Universität

[3] https://de.statista.com/statistik/daten/studie/1039211/umfrage/sterblich-keit-durch-das-coronavirus-nach-altersgruppen-in-china/

[4] https://www.bundesverfassungsgericht.de/SharedDocs/Entscheidun-gen/DE/2005/01/rs20050111_2bvr016702.html, Bundesverfassungsgericht, Beschluss vom 11. Januar 2005, Az. 2 BvR 167/02, Rn. 29

[5] https://www.bundesverfassungsgericht.de/SharedDocs/Entscheidun-gen/DE/2020/04/rk20200424_1bvr090020.html, Bundesverfassungsgericht, Beschluss vom 24. April 2020, Az. 1 BvR 900/20

[6] https://www.bundesverfassungsgericht.de/SharedDocs/Entscheidun-gen/DE/2020/05/rk20200513_1bvr102120.html, Bundesverfassungsgericht, Beschluss vom 13. Mai 2020, Az. 1 BvR 1021/20

[7] https://dejure.org/gesetze/BVerfGG/93a.html, § 93a Absatz 1 Bundesverfas-sungsgerichtsgesetz

[8] https://www.bundesverfassungsgericht.de/SharedDocs/Pressemitteilun-gen/DE/2020/bvg20-036.html

[9] https://www.youtube.com/watch?v=uMBPOdYDlbU, 4:20

[10] https://www.youtube.com/watch?v=qHuWxOMsyVl 6:10

[11] https://www.spiegel.de/wissenschaft/medizin/melanie-brinkmann-ueber-corona-mutanten-der-wettlauf-ist-laengst-verloren-a-00000000-0002-0001-0000-000175196841

[12] https://www.faz.net/aktuell/gesellschaft/gesundheit/coronavirus/streeck-ueber-lockdown-die-entscheidungen-sind-politisch-nicht-wissenschaftlich-17159640.html?premium

[13] https://www.rki.de/DE/Content/InfAZ/N/Neuartiges_Coronavirus/Pro-jekte_RKI/Nowcasting_Zahlen.html

[14] https://www.rki.de/DE/Content/InfAZ/N/Neuartiges_Coronavirus/Steck-brief.html, Stand: 16.10.2020

15 https://www.ncbi.nlm.nih.gov/pmc/articles/PMC7168102/pdf/PPUL-36-261.pdf, S. 263

16 https://www.nejm.org/doi/full/10.1056/nejme2002387, S. 2

17 https://de.wikipedia.org/wiki/Coronaviridae#Erkrankungen

18 https://jcm.asm.org/content/jcm/48/8/2940.full.pdf, S.1

19 https://link.springer.com/article/10.1007/s00108-019-00671-5

20 https://reader.elsevier.com/reader/sd/pii/S0169207020301199?token=E7D566D36CA6D78BEAA6B07348998697EF2C893D6BD479E6D9B9CCC6A92536D70A6CF319953014A4961382C003FAC873, S.7

21 https://www.br.de/nachrichten/meldung/merkel-wertet-corona-pandemie-als-jahrhundertereignis,300333b5c

22 https://www.faz.net/aktuell/politik/inland/soeder-afd-steckt-hinter-den-corona-demonstrationen-16771156.html

23 https://www.t-online.de/gesundheit/krankheiten-symptome/id_88329076/aerosole-studie-gefahr-bei-der-corona-uebertragung-kleiner-als-gedacht-.html

24 https://www.fr.de/frankfurt/corona-gesundheitsamt-frankfurt-rene-gottschalk-interview-schulen-schliessen-90096409.html, S.2

25 https://www.ncbi.nlm.nih.gov/pmc/articles/PMC7252002/

26 https://www.journalofhospitalinfection.com/article/S0195-6701(20)30174-2/fulltext

27 https://www.who.int/news-room/commentaries/detail/transmission-of-sars-cov-2-implications-for-infection-prevention-precautions

28 https://www.cdc.gov/coronavirus/2019-ncov/more/scientific-brief-sars-cov-2.html; S.2, Stand: 05.10.2020

29 https://www.t-online.de/gesundheit/krankheiten-symptome/id_88329076/aerosole-studie-gefahr-bei-der-corona-uebertragung-kleiner-als-gedacht-.html

30 https://www.thelancet.com/action/showPdf?pii=S1473-3099%2820%2930833-1, Tabelle 3

31 https://www.bfr.bund.de/cm/343/kann-das-neuartige-coronavirus-ueber-lebensmittel-und-gegenstaende-uebertragen-werden.pdf

32 https://gh.bmj.com/content/bmjgh/5/5/e002794.full.pdf, S.5

³³ https://www.medrxiv.org/content/10.1101/2020.07.29.20164590v1.full.pdf, S. 16

³⁴ Quelle: Rundmail von Edeka im September 2020; persönliche Kommunikation

³⁵ Quelle: John-Hopkins-Universität ; https://interaktiv.morgenpost.de/corona-virus-karte-infektionen-deutschland-weltweit/

³⁶ https://twitter.com/Karl_Lauterbach/status/1339921114408099840?s=20

³⁷ https://www.msn.com/de-de/gesundheit/medizinisch/corona-shutdown-wo-sich-die-menschen-wirklich-anstecken/ar-BB1cOfju

³⁸ https://www.zeit.de/wissen/gesundheit/2020-11/coronavirus-aerosole-ansteckungsgefahr-infektion-hotspot-innenraeume

³⁹ https://www.intoura.berlin/wp-content/uploads/kriegel_hartmann_2021.pdf

⁴⁰ https://www.spiegel.de/wissenschaft/medizin/coronavirus-in-diesen-innenraeumen-ist-das-infektionsrisiko-am-hoechsten-a-3494bbc6-085b-4292-a347-79c8d20aa38e

⁴¹ https://www.zeit.de/wissen/gesundheit/2021-02/corona-infektion-ansteckungsgefahr-coronavirus-mutation-b117-aerosole

⁴² Quelle: John-Hopkins-Universität; https://interaktiv.morgenpost.de/corona-virus-karte-infektionen-deutschland-weltweit/

⁴³ https://www.tz.de/muenchen/stadt/coronavirus-lockdown-muenchen-u-bahn-angela-merkel-ueberfuellte-soeder-90088637.html, zweites Foto

⁴⁴ https://www.cell.com/cell/pdf/S0092-8674(20)30675-9.pdf

⁴⁵ https://www.dgai.de/alle-docman-dokumente/aktuelles/1316-empfehlung-von-dgai-bda-leitlinie-covid-19/file.html, S.132

⁴⁶ https://jammi.utpjournals.press/doi/pdf/10.3138/jammi-2020-0030

⁴⁷ https://onlinelibrary.wiley.com/doi/full/10.1002/jmv.26041,

⁴⁸ https://journals.plos.org/plosmedicine/article?id=10.1371/journal.pmed.1003346

⁴⁹ https://www.acpjournals.org/doi/full/10.7326/M20-3012

⁵⁰ https://jammi.utpjournals.press/doi/10.3138/jammi-2020-0030

⁵¹ https://www.medrxiv.org/content/10.1101/2020.05.10.20097543v3#:~:text=We%20added%20four%20new%20studies,0.994%2C%20p%3D0.047

52 https://www.cdc.gov/coronavirus/2019-ncov/hcp/planning-scenarios.html, Stand: 10.09.2020

53 https://www.nature.com/articles/s41591-020-0962-9

54 https://www.sciencemediacenter.de/alle-angebote/fact-sheet/details/news/verlauf-von-covid-19-und-kritische-abschnitte-der-infektion/

55 https://edoc.rki.de/bitstream/handle/176904/6547/Modellierung_SARS-CoV-2.pdf?sequence=1

56 https://www.verkuendung-bayern.de/baymbl/2020-249/, 2.2.1

57 https://onlinelibrary.wiley.com/doi/epdf/10.1002/jmv.26041

58 https://www.apotheken.de/krankheiten/hintergrundwissen/10562-einweisung-und-aufenthalt-in-psychiatrische-kliniken

59 https://www.who.int/docs/default-source/coronaviruse/situation-reports/20200306-sitrep-46-covid-19.pdf?sfvrsn=96b04adf_2, S.2

60 https://www.tagesschau.de/inland/coronavirus-deutschland-139.html

61 https://www.rki.de/DE/Content/Gesundheitsmonitoring/Gesundheitsberichterstattung/GBEDownloadsJ/JoHM_S11_2020_Krankheitsschwere_COVID_19.pdf;jsessionid=24B9680B4C73F4AB73834A0D6C867308.internet081?__blob=publicationFile, S.4, Infobox

62 https://www.rki.de/DE/Content/InfAZ/N/Neuartiges_Coronavirus/Modellierung_Deutschland.pdf;jsessionid=0ADEEA4E772D10C9822903132E81DBAE.internet091?__blob=publicationFile

63 https://www.rki.de/DE/Content/InfAZ/N/Neuartiges_Coronavirus/Entlassmanagement-Infografik.pdf?__blob=publicationFile

64 https://www.rki.de/DE/Content/Gesundheitsmonitoring/Gesundheitsberichterstattung/GBEDownloadsJ/JoHM_S11_2020_Krankheitsschwere_COVID_19.pdf;jsessionid=24B9680B4C73F4AB73834A0D6C867308.internet081?__blob=publicationFile, Tabelle 5

65 https://www.rki.de/DE/Content/Gesundheitsmonitoring/Gesundheitsberichterstattung/GBEDownloadsJ/JoHM_S11_2020_Krankheitsschwere_COVID_19.pdf;jsessionid=AA7E10617AAA8C7955C5FD6D72F9FF95.internet092?__blob=publicationFile. S.10

66 https://www.thelancet.com/action/showPdf?pii=S2213-2600%2820%2930316-7, Tab. 1

67 https://www.bmj.com/content/bmj/370/bmj.m2815.full.pdf

68 https://pubmed.ncbi.nlm.nih.gov/32929257/

69 https://www.thelancet.com/action/showPdf?pii=S0140-6736%2820%2932656-8

70 https://edoc.rki.de/bitstream/handle/176904/7579/STIKO-Komplett-17-12-2020-Zur-Ver%c3%b6ffentlichung-NEU.pdf?sequence=1&isAllowed=y, S.96

71 https://www.lgl.bayern.de/gesundheit/infektionsschutz/infektionskrankhei-ten_a_z/coronavirus/karte_coronavirus/index.htm#inzidenz_alter, Tabelle „Todesfälle nach Alter- und Geschlechterverteilung"

72 https://www.rki.de/DE/Content/Gesundheitsmonitoring/Gesundheitsbe-richterstattung/GBEDownloadsJ/JoHM_S11_2020_Krankheitsschwere_CO-VID_19.pdf;jsessionid=24B9680B4C73F4AB73834A0D6C867308.inter-net081?__blob=publicationFile, S.10

73 https://www.thelancet.com/action/showPdf?pii=S2213-2600%2820%2930316-7; S.853

74 https://www.rki.de/DE/Content/Gesundheitsmonitoring/Gesundheitsbe-richterstattung/GBEDownloadsJ/JoHM_S11_2020_Krankheitsschwere_CO-VID_19.pdf;jsessionid=24B9680B4C73F4AB73834A0D6C867308.inter-net081?__blob=publicationFile, Tabelle 3

75 https://www.thelancet.com/action/showPdf?pii=S2213-2600%2820%2930316-7, Tabelle 1, Abbildung 1

76 https://www.nature.com/articles/s41586-020-2521-4

77 https://www.spiegel.de/wissenschaft/medizin/jens-spahn-sieht-bis-40-pro-zent-der-bevoelkerung-als-risikogruppe-fuer-corona-a-e60b80f4-19a2-47d3-b7de-1d37cac2dab8).

78 https://www.g-f-v.org/sites/default/files/Aktu-elle%20Erkl%C3%A4rung%2016.12.2020.pdf

79 https://www.thelancet.com/action/showPdf?pii=S0140-6736%2820%2932625-8

80 https://reader.elsevier.com/reader/sd/pii/S0169207020301199?to-ken=9A1678D6BEF7B8F015CEE9BDE322B8C723F8CF782795B920AF-CBBD6383AAB95F74B7C9E111471D35CF9B8B656EDFC9BE, Tabelle 5

81 https://gh.bmj.com/content/5/7/e003098, S.13

82 https://depositonce.tu-berlin.de/bitstream/11303/11491/5/muerbe_e-tal_2020_aerosols-singing.pdf, S.2

83 https://pubmed.ncbi.nlm.nih.gov/32790510/

84 https://jamanetwork.com/journals/jamanetworkopen/fullarticle/2774102, S.1

85 https://www.nature.com/articles/s41591-020-0869-5

86 https://www.spiegel.de/politik/deutschland/corona-albtraum-lockdown-warum-jetzt-droht-was-alle-ausgeschlossen-haben-a-00000000-0002-0001-0000-000173548904

87 https://gh.bmj.com/content/bmjgh/5/7/e003098.full.pdf, Tab. 4

88 https://www.youtube.com/watch?v=WHl1IvAG2Yo&t=128s, 10:40

89 https://www.dzif.de/en/researchers-develop-first-diagnostic-test-novel-coronavirus-china

90 https://www.eurosurveillance.org/content/10.2807/1560-7917.ES.2020.25.3.2000045

91 https://www.eurosurveillance.org/board

92 https://www.researchgate.net/publication/346483715_External_peer_review_of_the_RTPCR_test_to_detect_SARS-CoV-2_reveals_10_major_scientific_flaws_at_the_molecular_and_methodological_level_consequences_for_false_positive_results

93 https://www.eurosurveillance.org/content/10.2807/1560-7917.ES.2021.26.5.2102041

94 https://www.who.int/news/item/14-12-2020-who-information-notice-for-ivd-users

95 https://www.bundesgesundheitsministerium.de/coronatest.html, Stand: 25.11.2020

96 https://www.acpjournals.org/doi/full/10.7326/M20-1495?journalCode=aim

97 https://www.rki.de/DE/Content/InfAZ/N/Neuartiges_Coronavirus/Situationsberichte/Okt_2020/2020-10-29-de.pdf?__blob=publicationFile, S.9

98 https://www.bundesgesundheitsministerium.de/coronatest.html, S.1

99 https://www.awmf.org/uploads/tx_szleitlinien/113-001l_S2k_Empfehlungen_station%C3%A4re_Therapie_Patienten_COVID-19_2020-11.pdf, S.6

100 https://www.ndr.de/nachrichten/info/coronaskript174.pdf, S.690f., Coronavirus-Update Nr. 21: Antikörpertests kommen bald.

101 https://www.rki.de/DE/Content/InfAZ/N/Neuartiges_Coronavirus/Situationsberichte/Sept_2020/2020-09-22-de.pdf?__blob=publicationFile, Abb.8

102 https://www.nytimes.com/2020/08/29/health/coronavirus-testing.html

[103] https://www.otz.de/urteil-gegen-corona-test-in-portugal-gefallen-id231021990.html

[104] https://www.rki.de/DE/Content/InfAZ/N/Neuartiges_Coronavirus/Vorl_Testung_nCoV.html

[105] https://www.blaek.de/meta/presse/presseinformationen/presseinformationen-2020/aussagekraft-von-pcr-tests-auf-sars-cov-2-erhoehen

[106] https://www.rki.de/DE/Content/InfAZ/N/Neuartiges_Coronavirus/Teststrategie/Nat-Teststrat.html, Stand: 05.11.2020

[107] https://grippeweb.rki.de/, Abb.1

[108] RKI, Täglicher Lagebericht vom 14.10.2020, S.12, https://www.rki.de/DE/Content/InfAZ/N/Neuartiges_Coronavirus/Situationsberichte/Okt_2020/2020-10-14-de.pdf?__blob=publicationFile

[109] https://www.spiegel.de/wissenschaft/mensch/corona-krise-virologe-liefert-erste-erklaerungen-zu-niedrigen-todeszahlen-in-deutschland-a-c8fef5d1-9c8e-4e9d-b8cc-3f85c6b00282

[110] https://www.merkur.de/leben/gesundheit/virologin-ciesek-rechnet-2021-mit-entspannung-zr-90155066.html

[111] https://www.aerzteblatt.de/nachrichten/117767/Labore-erneut-am-Anschlag-Nur-bei-medizinischer-Notwendigkeit-testen

[112] https://www.kreis-tir.de/fileadmin/user_upload/Landratsamt/rki_ergebnis.pdf, S.24

[113] https://www.rnd.de/gesundheit/drosten-pcr-corona-tests-sind-zweifelsfrei-I2P35Z577YKRFBEDPCDUYY4RNI.html

[114] https://www.aerztezeitung.de/Wirtschaft/Labor-liefert-reihenweise-falsch-positive-Corona-Ergebnisse-414167.html

[115] https://www.abendblatt.de/ratgeber/article230536730/Corona-auf-Kreuzfahrtschiff-Fehlalarm-Mein-Schiff-6.html

[116] https://www.zdf.de/nachrichten/panorama/coronavirus-antigentest-pcr-genauigkeit-studie-drosten-100.html

[117] https://www.sueddeutsche.de/muenchen/muenchen-corona-test-faq-1.4998803

[118] https://www.welt.de/gesundheit/plus219192698/Abstrich-oder-Gurgeln-Die-neuen-Schnelltests-auf-Corona.html; S.2

119 https://www.bfarm.de/DE/Medizinprodukte/Antigen-tests/_node.html;jsessio-nid=4F3D066A1BAB04CBFD7B0C7ACE1BA6B2.1_cid506

120 https://antigentest.bfarm.de/ords/antigen/r/antigentests-auf-sars-cov-2/liste-der-antigentests?session=285797511932&tz=1:00

121 https://uk.reuters.com/article/uk-health-coronavirus-britain-testing/uk-study-shows-rapid-test-has-diagnostic-sensitivity-over-99-idUKKCN26G233

122 https://www.medrxiv.org/content/10.1101/2020.11.12.20230292v1

123 https://www.medrxiv.org/content/10.1101/2020.11.12.20230292v1, S.2

124 https://www.baltictimes.com/european_commission_urges_use_of_rapid_antigen_tests__steps_up_action_on_covid-19_testing/

125 https://www.bundesgesundheitsministerium.de/fileadmin/Da-teien/3_Downloads/C/Coronavirus/Verordnungen/Corona_TestVO_mit_Be-gruendung_151020.pdf

126 https://www.faz.net/aktuell/politik/ausland/wie-sinnvoll-ist-der-corona-massentest-in-der-slowakei-17032779.html

127 https://www.bundesgesundheitsministerium.de/ministerium/meldun-gen/2020/faq-antigen-schnelltests.html, „Warum sollen Antigen-Tests einge-setzt werden?"

128 https://www.bundesgesundheitsministerium.de/ministerium/meldun-gen/2020/faq-antigen-schnelltests.html; „Was müssen Pflegeeinrichtungen und Krankenhäuser tun, um Antigentests zu beantragen?"

129 https://www.faz.net/aktuell/politik/inland/corona-in-pflegeheimen-ein-ge-fuehl-von-wut-und-aerger-17083189.html

130 https://www.welt.de/politik/deutschland/plus220065398/Virologe-Kekule-zu-Impfung-Verstehe-jeden-der-nicht-der-Erste-sein-will.html, S.2f.

131 https://www.bundesgesundheitsministerium.de/filead-min/Dateien/3_Downloads/C/Coronavirus/Nationale_Teststrate-gie_Grafik_131020.pdf, Stand: 14.10.2020

132 https://www.rki.de/DE/Content/InfAZ/N/Neuartiges_Corona-virus/Vorl_Testung_nCoV.html;jses-sionid=FD06192CEB3D00467D5B0547FB86B682.internet081

133 https://erj.ersjournals.com/content/early/2020/11/26/13993003.03961-2020

134 https://www.bmi.bund.de/SharedDocs/downloads/DE/veroeffen-tlichungen/2020/corona/szenarienpapier-

covid19.pdf;jses-
sionid=60857F162F3EAB2517788BF87E010663.1 cid295?   blob=publication-
File&v=6, S.14

[135] https://www.pei.de/DE/newsroom/dossier/coronavirus/testsysteme.html

[136] https://www.faz.net/aktuell/wirtschaft/viruskontrolle-bundesinstitut-
laesst-weiteren-corona-selbsttest-zu-17218039.html

[137] https://www.t-online.de/nachrichten/panorama/id_89539966/lanz-bricht-
eine-lanze-fuer-lauterbach-pandemie-frueher-als-drosten-eingeschaetzt.html,
S.7

[138] https://www.welt.de/kultur/plus223694090/Corona-und-die-Medien-Die-
Regierungssprecher.html, S.3

[139] https://www.welt.de/wirtschaft/plus226248757/Boeblinger-Modell-
Schnelltest-Strategie-koennte-Lockdown-beenden.html

[140] https://www.nytimes.com/2020/08/29/health/coronavirus-testing.html,
S.4

[141] https://www.carelutions.de/de/corona/wann-ist-welcher-test-sinnvoll/

[142] https://www.newyorker.com/news/letter-from-europe/how-munich-
turned-its-coronavirus-outbreak-into-a-scientific-study

[143] https://www.medrxiv.org/content/10.1101/2020.05.11.20092916v1

[144] https://www.zeit.de/wissen/gesundheit/2020-03/christian-drosten-coro-
navirus-pandemie-deutschland-virologe-charite?utm_refer-
rer=https%3A%2F%2Fwww.google.de%2F

[145] https://www.zeit.de/wissen/2020-10/christian-drosten-corona-massnah-
men-neuinfektionen-herbst-winter-covid-19/komplettansicht

[146] RKI, Täglicher Lagebericht vom 15.12.2020, Abbildung 4;
https://www.rki.de/DE/Content/InfAZ/N/Neuartiges_Coronavirus/Situations-
berichte/Dez_2020/2020-12-15-de.pdf?   blob=publicationFile

[147] https://onlinelibrary.wiley.com/doi/epdf/10.1111/ina.12766, S.5

[148] https://www.rki.de/DE/Content/Infekt/EpidBull/Archiv/2020/Ausga-
ben/38_20.pdf?   blob=publicationFile, S.6

[149] https://wellcomeopenresearch.org/articles/5-83/v2

[150] https://rp-online.de/panorama/coronavirus/corona-rki-chef-sieht-gross-
teil-der-ansteckungen-im-privaten-bereich-liveblog_aid-54181413

[151] https://www.rki.de/DE/Content/Infekt/EpidBull/Archiv/2020/Ausga-
ben/38_20.pdf?   blob=publicationFile, S.5

152 https://www.6sqft.com/74-of-new-yorks-covid-spread-is-coming-from-at-home-gatherings/

153 https://www.kreis-tir.de/fileadmin/user_upload/Land-ratsamt/rki_ergebnis.pdf, S.10f.

154 https://jamanetwork.com/journals/jamanetworkopen/fullarticle/2774102

155 https://www.nature.com/articles/s41467-020-19802-w

156 https://www.thelancet.com/action/showPdf?pii=S1473-3099%2820%2930833-1

157 https://www.thelancet.com/action/showPdf?pii=S1473-3099%2820%2930833-1, S.10

158 https://www.ncbi.nlm.nih.gov/pmc/articles/PMC2851497/#!po=50.0000

159 https://www.biorxiv.org/content/10.1101/2020.11.15.383323v2.full.pdf, S.2

160 https://www.nejm.org/doi/full/10.1056/NEJMoa2026116, S.2

161 https://www.thelancet.com/action/showPdf?pii=S0140-6736%2820%2932656-8

162 https://www.sciencedirect.com/science/article/pii/S0092867420310084

163 https://www.nature.com/articles/s41591-020-01143-2

164 https://www.biorxiv.org/con-tent/10.1101/2020.11.15.383323v1#:~:text=We%20analyzed%20multi-ple%20compartments%20of,months%20than%20at%201%20month

165 https://www.nature.com/articles/s41586-020-2550-z

166 https://www.nytimes.com/2020/11/17/health/coronavirus-immun-ity.html?campaign_id=9&emc=edit_nn_20201118&in-stance_id=24215&nl=the-morning%C2%AEi_id=76596540&seg-ment_id=44791&te=1&user_id=b398c07e23a82bbf5ca09b57e179e996, S.2

167 https://www.medrxiv.org/content/10.1101/2020.08.14.20174490v1

168 https://www.ecdc.europa.eu/en/publications-data/threat-assessment-brief-reinfection-sars-cov-2

169 https://jamanetwork.com/journals/jamainternalmedicine/fullarti-cle/10.1001/jamainternmed.2020.7986?guestAccessKey=7a094ce2-1a9d-4838-96f0-aabe0f80cae1&utm_source=silverchair&utm_me-dium=email&utm_campaign=article_alert-jamainternalmedicine&utm_con-tent=olf&utm_term=112420, S.3

170 https://pubmed.ncbi.nlm.nih.gov/33219229/

171 https://www.spiegel.de/wissenschaft/medizin/coronavirus-was-wir-ueber-die-immunitaet-bei-covid-19-wissen-a-6524afc9-88e8-4ca1-a18c-57bcb0614be7

172 https://www.nytimes.com/2020/11/17/health/coronavirus-immunity.html?campaign_id=9&emc=edit_nn_20201118&instance_id=24215&nl=the-morning%C2%AEi_id=76596540&segment_id=44791&te=1&user_id=b398c07e23a82bbf5ca09b57e179e996

173 https://www.spiegel.de/wissenschaft/medizin/corona-warum-die-immunitaet-jahre-anhalten-koennte-und-was-das-fuer-einen-impfstoff-bedeutet-a-fd678317-628b-41d1-a4b2-dc2eca2915ab

174 https://www.sciencedirect.com/science/article/pii/S0092867420310084)

175 https://www.nature.com/articles/s41586-020-2598-9

176 https://www.nature.com/articles/s41586-020-2550-z

177 https://edoc.rki.de/bitstream/handle/176904/6547/Modellierung_SARS-CoV-2.pdf?sequence=1

178 https://www.focus.de/gesundheit/news/verdopplung-der-fallzahlen-verlangsamen-erst-dann-soll-es-corona-lockerungen-geben-das-steckt-hinter-merkels-10-tages-regel_id_11830886.html

179 https://www.stuttgarter-nachrichten.de/inhalt.angela-merkel-zum-coronavirus-merkel-sprecher-verdopplung-alle-zehn-tage-nicht-so-gemeint.b2298021-c809-40b8-8bca-977e461ded55.html

180 https://gh.bmj.com/content/bmjgh/5/7/e003098.full.pdf, Tab. 2

181 https://www.medrxiv.org/content/10.1101/2020.04.04.20053058v1

182 https://www.spiegel.de/wissenschaft/medizin/corona-alle-sars-cov-2-viren-der-welt-wuerden-in-eine-cola-dose-passen-a-4520cb4e-a566-4458-a08b-e88b67c14bcf

183 RKI, Täglicher Lagebericht vom 15.12.2020; https://www.rki.de/DE/Content/InfAZ/N/Neuartiges_Coronavirus/Situationsberichte/Dez_2020/2020-12-15-de.pdf?__blob=publicationFile

184 https://www.rki.de/DE/Content/InfAZ/N/Neuartiges_Coronavirus/Projekte_RKI/R-Wert-Erlaeuterung.pdf?__blob=publicationFile

185 https://www.rki.de/DE/Content/InfAZ/N/Neuartiges_Coronavirus/Projekte_RKI/Nowcasting_Zahlen.html

186 https://www.rki.de/DE/Content/InfAZ/N/Neuartiges_Coronavirus/Projekte_RKI/R-Wert-Erlaeuterung.pdf?__blob=publicationFile; S.3

187 https://www.gesetze-im-internet.de/ifsg/__3.html

188 https://www.zeit.de/wissen/gesundheit/2020-03/christian-drosten-coronavirus-pandemie-deutschland-virologe-charite/komplettansicht

189 https://science.sciencemag.org/content/sci/369/6505/846.full.pdf

190 https://www.medrxiv.org/content/10.1101/2020.04.27.20081893v3.full.pdf

191 https://www.bz-berlin.de/deutschland/merkel-zum-coronavirus-60-bis-70-prozent-werden-sich-infizieren

192 https://www.bundeskanzlerin.de/bkin-de/aktuelles/pressekonferenz-von-bundeskanzlerin-merkel-bundesgesundheitsminister-spahn-und-rki-chef-wieler-1729940

193 https://www.spiegel.de/wissenschaft/medizin/coronavirus-wir-gehen-davon-aus-dass-es-ein-stresstest-wird-fuer-unser-land-sagt-rki-chef-lothar-wieler-a-86251a54-182c-4bfa-9d60-1dc6084b987d

194 https://www.cdu.de/corona/pressekonferenz_merkel_spahn

195 https://gbdeclaration.org/

196 https://www.johnsnowmemo.com/, Stand: 06.02.2021

197 https://www.youtube.com/watch?v=qWslmhvzf_U

198 https://globalnews.ca/news/7464965/boris-johnson-antibodies-coronavirus-isolation/

199 In Deutschland müssen Personen mit einer „nachweislich vorangegangenen Infektion mit SARS-CoV-2" inzwischen nicht mehr in Quarantäne: https://www.verkuendung-bayern.de/baymbl/2020-705/, „Begründung zu Nr. 1"

200 https://www.n-tv.de/wissen/Zweite-Corona-Welle-vermeiden-Drosten-nimmt-Superspreader-ins-Visier-article21811320.html

201 https://www.n-tv.de/panorama/Drosten-warnt-vor-heimischen-Clustern-article22043497.html

202 https://www.spiegel.de/wissenschaft/medizin/coronavirus-christian-drosten-empfiehlt-buergern-kontakt-tagebuch-fuer-moegliche-zweite-welle-a-48fbd681-d277-4096-82e8-57b7cfedfba5

203 https://wwwnc.cdc.gov/eid/article/27/2/20-4443_article

204 https://www.thelancet.com/action/showPdf?pii=S1473-3099%2820%2930833-1

205 https://www.zeit.de/wissen/gesundheit/2020-05/coronavirus-ansteckung-covid-19-patienten-schutzmassnahmen-infektionsherde

206 https://www.thelancet.com/action/showPdf?pii=S1473-3099%2820%2930314-5

207 https://www.rki.de/DE/Content/Infekt/EpidBull/Archiv/2020/Ausgaben/38_20.pdf?__blob=publicationFile

208 https://wwwnc.cdc.gov/eid/article/26/6/20-0495_article

209 https://www.wissenschaft.de/gesundheit-medizin/inwieweit-sterilisiert-natuerliches-uv-licht/

210 https://www.annualreviews.org/doi/10.1146/annurev-virology-012420-022445, S.87

211 https://www.researchgate.net/publication/44679699_Epidemiology_and_Clinical_Presentations_of_the_Four_Human_Coronaviruses_229E_HKU1_NL63_and_OC43_Detected_over_3_Years_Using_a_Novel_Multiplex_Real-Time_PCR_Method

212 https://news.umich.edu/common-coronaviruses-are-highly-seasonal-with-most-cases-peaking-in-winter-months/

213 https://www.medrxiv.org/content/10.1101/2020.05.15.20103416v1

214 https://www.bsg.ox.ac.uk/research/research-projects/coronavirus-government-response-tracker

215 https://www.aerzteblatt.de/nachrichten/110945/Modellrechnung-deutet-auf-geringen-saisonalen-Effekt-auf-SARS-CoV-2-Ausbreitung-hin

216 https://www.ndr.de/nachrichten/info/coronaskript116.pdf, S.3

217 https://www.zeit.de/wissen/gesundheit/2020-03/christian-drosten-coronavirus-pandemie-deutschland-virologe-charite, S.6

218 https://www.rki.de/DE/Content/InfAZ/N/Neuartiges_Coronavirus/Teststrategie/Nat-Teststrat.html, Stand: 30.11.2020

219 RKI, „Steckbrief", S.14, Stand: 14.10.2020; https://www.rki.de/DE/Content/InfAZ/N/Neuartiges_Coronavirus/Steckbrief.html

220 https://www.sciencedirect.com/science/article/pii/S0092867420310084

221 https://www.nature.com/articles/s41467-020-19509-y

222 https://www.newyorker.com/news/letter-from-europe/how-munich-tur-ned-its-coronavirus-outbreak-into-a-scientific-study

223 https://papers.ssrn.com/sol3/papers.cfm?abstract_id=3745128

224 https://www.medrxiv.org/content/10.1101/2020.09.11.20192773v1

225 https://www.cdc.gov/coronavirus/2019-ncov/hcp/planning-scena-rios.html, S.6

226 https://www.who.int/bulletin/online_first/BLT.20.265892.pdf, S.1f.

227 https://www.gesetze-bayern.de/Content/Document/Y-300-Z-BECKRS-B-2020-N-4617?hl=true, Verwaltungsgericht München, Beschluss vom 20.03.2020, Az. M 26 S 20.1222, Rn. 19

228 https://openjur.de/u/2261821.html, Hessischer Verwaltungsgerichtshof, Beschluss vom 07.04.2020, Az. 8 B 892/20.N, Rn. 50

229 https://www.bverwg.de/220312U3C16.11.0, Bundesverwaltungsgericht, Urteil vom 22. März 2012, Az. 3 C 16.11, Rn. 32

230 https://www.rki.de/DE/Content/InfAZ/N/Neuartiges_Coronavirus/Da-ten/Klinische_Aspekte.html; Stand: 8. Dezember 2020

231 https://www.sciencedirect.com/science/article/pii/S016344532030596X

232 https://papers.ssrn.com/sol3/papers.cfm?abstract_id=3745128

233 https://www.zdf.de/nachrichten/zdfheute-live/videos/schrappe-corona-kritik-video-100.html

234 https://www.medrxiv.org/con-tent/10.1101/2020.05.04.20090076v2.full.pdf

235 https://papers.ssrn.com/sol3/papers.cfm?abstract_id=3745128

236 https://www.thelancet.com/journals/laninf/article/PIIS1473-3099(20)30243-7/fulltext

237 https://www.nature.com/articles/d41586-020-03284-3, S.1

238 https://www.reuters.com/article/us-health-coronavirus-usa-new-york-i-dUSKCN2252WN

239 https://pubmed.ncbi.nlm.nih.gov/32679085/

240 https://www.nature.com/articles/d41586-020-03284-3

241 https://www.nejm.org/doi/full/10.1056/NEJMoa2026116

242 https://pubmed.ncbi.nlm.nih.gov/32877214/

243 https://www.who.int/bulletin/volumes/99/1/20-265892.pdf

244 https://www.ijidonline.com/action/showPdf?pii=S1201-9712%2820%2932180-9

245 https://www.journalofhospitalinfection.com/action/showPdf?pii=S0195-6701%2820%2930174-2

246 https://www.nytimes.com/2021/01/28/nyregion/nursing-home-deaths-cuomo.html

247 https://www.tagesschau.de/ausland/amerika/new-york-cuomo-corona-101.html

248 https://www.faz.net/aktuell/wirtschaft/mehr-wirtschaft/corona-deutsch-land-hat-viermal-so-viele-intensivbetten-wie-italien-16708166.html

249 https://medicalxpress.com/news/2020-04-storm-lombardy-virus-disaster-lesson.html, S.4

250 RKI, Lagebericht vom 08.12.2020, Tabelle 5; https://www.rki.de/DE/Content/InfAZ/N/Neuartiges_Coronavirus/Situationsberichte/Dez_2020/2020-12-08-de.pdf?__blob=publicationFile

251 https://medicalxpress.com/news/2020-04-storm-lombardy-virus-disaster-lesson.html, S.3

252 https://www.welt.de/politik/ausland/article206080755/Coronavirus-Italie-nische-Regierung-stellt-Region-unter-Quarantaene.html

253 https://catalyst.nejm.org/doi/full/10.1056/CAT.20.0080, S.3

254 https://catalyst.nejm.org/doi/full/10.1056/CAT.20.0080, S.4

255 https://jamanetwork.com/journals/jamainternalmedicine/fullar-ticle/2764369

256 https://www.rki.de/DE/Content/Infekt/EpidBull/Archiv/2020/Ausga-ben/12_20.pdf?__blob=publicationFile, S.5

257 https://www.annualreviews.org/doi/full/10.1146/annurev-virology-012420-022445, S.95

258 https://pubmed.ncbi.nlm.nih.gov/32974671/

259 https://pubmed.ncbi.nlm.nih.gov/29853961/